U0178019

智慧园区建设导则

中国建筑业协会绿色建造与智能建筑分会

中建三局智能技术有限公司 主编

中国建筑工业出版社

图书在版编目（CIP）数据

智慧园区建设导则 / 中国建筑业协会绿色建造与智能建筑分会，中建三局智能技术有限公司主编 . — 北京：中国建筑工业出版社，2022.4

ISBN 978-7-112-27180-1

Ⅰ. ①智… Ⅱ. ①中… ②中… Ⅲ. ①工业园区 – 城市规划 – 研究 Ⅳ. ① TU984.13

中国版本图书馆 CIP 数据核字（2022）第 042915 号

本书内容包括：智慧园区综述、智慧园区规划、智慧园区平台及运营、智慧建筑及园区配套设施、园区的数字孪生、园区的绿色低碳、展望、案例。

本书对智慧园区建设给出指导，适合智能行业从业人员使用。

责任编辑：高悦　张磊　万李
责任校对：赵颖

智慧园区建设导则

中国建筑业协会绿色建造与智能建筑分会
中建三局智能技术有限公司　　　　　　主编

*

中国建筑工业出版社出版、发行（北京海淀三里河路 9 号）
各地新华书店、建筑书店经销
北京鸿文瀚海文化传媒有限公司制版
北京圣夫亚美印刷有限公司印刷

*

开本：787 毫米 ×960 毫米　1/16　印张：8¾　字数：129 千字
2022 年 4 月第一版　2022 年 4 月第一次印刷
定价：43.00 元
ISBN 978-7-112-27180-1
　　（39029）

《智慧园区建设导则》
编委会

主编单位

中国建筑业协会绿色建造与智能建筑分会

中建三局智能技术有限公司

参编单位

华南理工大学建筑设计研究院有限公司

浙江省建筑设计研究院

华东建筑设计研究院有限公司

湖北邮电规划设计有限公司

同方股份有限公司

太极计算机股份有限公司

北京泰豪智能工程有限公司

讯飞智元信息科技有限公司

上海益邦智能技术股份有限公司

重庆欧偌医疗科技有限公司

北京国安信息科技有限公司

北京盛云致臻智能科技有限公司

广东公信智能会议股份有限公司

中博信息技术研究院有限公司

编写组成员

陈 应	李翠萍	耿望阳	李明荣	林海雄	贺 宇	胡少云	佟庆彬
洪劲飞	李思涛	李晓光	彭一琦	陈洋洋	张 峰	干 嵘	王成全
陶 丹	金晓丹	赵艳玲	张 骁	唐晶晶	陈才志	黄 震	蔡爱芳
吉 慧	连翊含	张 敏					

序

  以大数据、人工智能、云计算、物联网、移动通信等信息技术驱动的第四次工业革命，正在引领人类社会迈向万物感知、万物互联和万物智能的全新纪元。近年来，我国政府持续颁布相关政策，大力推动智慧城市建设，已经和正在取得明显成效。

  2021年，国务院发布的《中华人民共和国国民经济和社会发展第十四个五年规划和2035年远景目标纲要》对新型基础设施、数字经济、数字社会、数字政府、数字生态发展进行了总体规划部署，同时对智慧城市建设提出了明确要求。可以预见，未来智慧城市将成为数字中国建设的重要内容并得到快速发展。

  智慧园区是智慧城市的重要组成部分。园区是将若干功能各异的建筑，通过科学规划和设计形成平面和空间状态；是宏观城市概念下的中观综合体；也是提供居民个体、家庭和社会活动的物理空间。智慧园区是依托"大、智、云、物、移"等信息化技术，将物理空间，人文活动空间范围内的设备运行、业务活动和人的行为等信息进行系统化集成，做到基础设施信息即时化采集、数字化分析、系统化决策、自动化干预，最终实现园区管理精细、服务周到、客户使用便捷、园区运行高效的目标，进而支撑智慧城市的整体发展。

  中国建筑业协会绿色建造与智能建筑分会会同中建三局智能技术有限公司，组织业内众多知名科研院校和企业，对智慧园区建设进行了广泛调查研究，并对园区运行管理和运维技术进行了系统分析，研编形成的《智慧园区建设导则》，体现了智慧园区建设的明确方向和发展趋势，构建了智慧园区建设的技术体系，显现了智慧园区建设的巨大价值。《智慧园区建设导则》通过园区规划、平台及运营、配套设施、数字孪生、绿色低碳、展望、案例等章节的安排，提出了智慧园区建设的发展策略，明确了智慧园区建设的要点和实施指引，体现了以人为本、节约资源、环境友好、数字化和智慧化发展的理念，助力建筑行业实现"碳达峰、碳中和"目标，具有前瞻性和可实施性。

在建筑行业推动绿色化、智能化和精益化建造的背景下，《智慧园区建设导则》的研编发布，必将有力促进我国智慧园区建设，推动智能建筑和智慧城市的快速协同发展。

中国工程院院士

前 言

　　国民经济和社会发展第十四个五年规划和二〇三五年远景目标纲要提出坚持创新驱动发展以及加快发展现代产业体系。智慧园区作为智慧城市的主要组成单元，是最重要的人口和产业聚集区，通过智慧园区的建设可实现科技创新与现代化产业园区的可持续发展。智慧园区通过运用全球最先进的智慧化、数字化、信息化技术，使园区的资源管理和运营服务更加智慧、高效、低碳、环保，是新型智慧城市人文关怀的具体落脚和展现。未来智慧园区将向全方位的政府、产业及城市综合化服务转型，并逐渐建立园区内外主体之间的整合优势，实现智慧园区管理与智慧城市管理的高度融合，打造极具区域影响力的智慧化城市管理体系。

　　《智慧园区建设导则》旨在布局智慧产业，既履行社会责任，解决社会痛点、难题，又顺应智慧城市发展趋势，促进园区经济与环境的协调发展，提升智慧园区设计、实施和运营能力，将为从事智慧园区设计、实施、运营管理等人员提供技术指导，为政府、企业等机构提供技术支持和帮助。

　　智慧园区建设，首先对园区应用需求进行分析，之后通过建设前端感知触角形成可看、可听、可感的触觉系统，再搭建信息互联网络设施，形成数据高效、安全的神经网络，并构建园区指挥中心，通过园区 CIM 底座形成园区大脑，最后实现园区数字孪生及绿色低碳的智慧应用场景落地。

　　本书共分为 8 章阐述。第 1 章智慧园区综述，介绍智慧园区的概念、国际国内智慧园区发展、相关政策及建设理念和蓝图。第 2 章智慧园区规划，介绍园区场景、感知设施、信息互联等。第3章智慧园区平台及运营,介绍指控中心规划、IT基础设施、应用支撑平台、平台应用功能、智慧园区运营等,以及配套的指挥大厅、领导决策室、设备间等区域的智慧系统建设。第4章智慧建筑及园区配套设施,介绍园区内各业态建筑物的智能化系统建设及相关配套设施建设。第5章园区的数字孪生,介绍数字孪生及CIM技术在园区中的应用,包括城市GIS、建筑BIM、智能终端设备模型、设备运行数据、人车的活动数据以及其他运营数据等。第6章园区的绿色低碳,介绍园区绿色低碳分析、绿色建造实施路径、新能源应用、基础设施节能等。第7章展望,从园区管理与城市化管理融合、绿色与智能建造等9个方面对智慧园区建设的未来发展进行了深度思考。第8章案例,展示了行业内具有代表性的9类22个智慧园区案例。

本书的编辑出版得到了行业各位专家同仁的大力支持,在此表示衷心的感谢!由于时间仓促,书中难免出现一些疏漏,诚邀广大读者批评指正,并提供宝贵意见。

编委会

目 录

第 **1** 章

智慧园区综述

1.1　智慧园区概念

园区是由政府、企业、企业与政府合作，规划建设的供水、供电、供气、通信、道路、仓储及其他配套设施齐全、布局合理且能够满足各类行业研究、生产、工作、生活、产业发展等需要的建筑物群体。

园区作为城市的重要组成单元，通过共享资源，带动产业发展，推动产业集群形成。园区是我国产业发展的集聚区，以国家经开区和国家高新区为主体的园区生产总值占全国 GDP 的近 1/4，已成为国民经济发展的重要引擎和区域经济发展的重要载体，推动着城市高质量发展。

智慧园区是运用数字化技术，以全面感知和泛在联接为基础的人机物事深度融合体，具备主动服务、智能进化等能力特征的有机生命体和可持续发展空间。

云计算、物联网、大数据、人工智能、移动互联网、5G、区块链等新一代信息技术的快速发展，可推进园区技术融合、业务融合和数据融合，突破以往系统独立形成的"信息孤岛"，提升园区运营效能和决策能力，实现基础设施信息化、运营管理精细化、功能服务便捷化和产业发展引领化，促进新型智慧园区人文化发展。

1.2　智慧园区发展概述

国外最早的园区可追溯到 18 世纪第一次工业革命后，当时生产力极大地爆发，各类产品丰富起来，整个社会的生产方式都发生了巨大的变化。园区随着科学技术的发展而兴起。国外园区的基本类型也以科技类园区为主，主要类型有孵化器（创业中心）、科学城、科学园、科学工业园区、高端技术产业带和高技术产品出口加工区。

在我国，园区发展经历了孕育期（1979—1983）、初始培育期（1984—1991）、高速发展期（1992—2002）、稳定调整期（2003—2008）、创新发展期（2009 至今）五个阶段。截至 2019 年底，全国已建成各类园区 15000 余个，GDP 约占整体经济的 25%，产业园区已成为推动我国经济高质量发展的重要力量。

园区根据主要建筑的类型和功能分为生产制造型园区、物流仓储型园区、商办型园区以及综合型园区等。根据主导产业分为软件园、物流园、文化创意产业园、高新技术产业园、影视产业园、化工产业园、医疗产业园和动漫产业园等。智慧园区以既有园区为依托，以国家级园区为先导，已在全国范围广泛铺开建设，并形成了由东部引领向中西部纵深发展，区域间各具特色的智慧园区发展格局。智慧园区的发展与智能智慧技术发展相辅相成，早期的智慧园区以园区内单体建筑为单位，参照现行国家标准《智能建筑设计标准》GB 50314 独立建设建筑智能化系统，然后通过系统集成方式形成园区智慧化。现阶段的智慧园区，通过顶层设计和园区综合服务平台，统一规划园区智能智慧系统的建设，实现及时、互动、整合的信息采集、传递和处理，为园区提供持续提升的监视、洞察、决策、指挥能力，打造全息感知、全景数据、全局智慧。

智慧园区带来的效益非常明显，包括提高能源使用效率，实现园区低碳运行；管理流程优化，实现园区运营全过程控制；强化 AI 分析和算法，实现园区大数据的深度开发；提高劳动生产率，实现园区价值最大化；顺应社会进步趋势，推动新型战略产业发展等。

根据赛迪顾问数字经济产业研究中心数据，2020 年我国智慧园区市场规模达到 2417 亿元，同比增长 6.5%，受整体经济下行压力加大以及新冠肺炎疫情影响，园区智慧化建设投资有一定波动，近两年智慧园区市场增幅略有收窄。预计未来 3 ~ 5 年内，园区原有传统基础设施与园区高质量发展需求不匹配的矛盾将显现，随着我国智慧城市建设加速和园区信息化发展趋向成熟，智慧园区建设需求将持续增大，市场规模恢复较高增长态势，到 2022 年将超过 3000 亿元，未来发展空间广阔（图 1-1）。

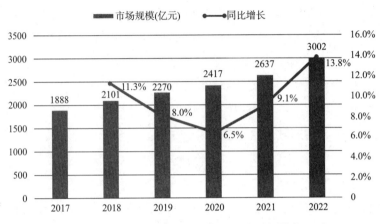

图 1-1　2017—2022 年中国智慧园区市场规模及预测

1.3　智慧园区相关政策

党的十九大报告提出，加强应用基础研究，拓展实施国家重大科技项目，突出关键共性技术、前沿引领技术、现代工程技术、颠覆性技术创新，为建设科技强国、质量强国、航天强国、网络强国、交通强国、数字中国、智慧社会提供有力支撑。随着智慧城市建设进入新型智慧城市阶段，信息科技与城市融合的模式和形态发生了重大变化。新型智慧城市成为数字中国的重要内容，是智慧社会的发展基础。

智慧园区通过信息化工具及管理手段，使园区的资源管理和企业服务更加智慧、高效、低碳、环保。智慧园区作为智慧城市的主要组成单元，其建设正逐步加速，并将迎来全新浪潮。

随着中国城市化进程的加快以及"互联网+""一带一路"倡议等的深入推动，以云计算、物联网、大数据、人工智能、5G、CIM、数字孪生、区块链、边缘计算等为代表的新技术不断创新，各类小微创新企业奔涌而出，并逐渐向高（高技术）、新（新领域）、专（专业性）行业转变。其入驻园区时，对园区规划建设整体性提出更高要求，需更注重各种基础配套设施，用更好的服务来促进高新产业发展。尤其需注重信息化建设，构建互联互通、资源共享的智慧园区，以信息化、智能化带动产业化。

"新基建"为推进新型城市基础设施建设提供强有力的技术支撑，"新城建"则为前沿技术提供了广阔的应用场景和创新空间。随着园区智慧化的加速，园区的互联互通让各个割裂的园区连接成为数字中国、智慧社会的有机生命体，满足政府治理诉求、社会民生需求，符合新基建投资方向。从2014年开始，国务院、国家发展改革委、住房和城乡建设部等发布了一系列与智慧化、数字化发展建设相关的政策及指导意见，作为园区转型升级的指引，为智慧园区的建设创造了良好的政策环境，也给智慧园区带来新的建设机遇（图1-2）。

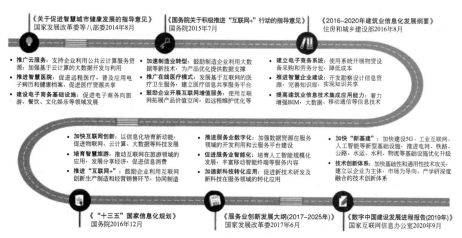

图1-2　国家推进智慧化、数字化发展建设的相关政策解读

1.4　智慧园区建设理念与蓝图

1.4.1　智慧园区建设理念

　　智慧园区建设需以"新发展理念"为引领，以"绿色健康、服务互联、至简高效、产业增值、数据使能、持续改进"为智慧园区的建设宗旨，实现绿色节能低碳、打通信息孤岛、聚合生态能力、沉淀共性服务、积累使能数据、敏捷创新应用，并实时引入国际国内最新科技，不断满足新时代政务服务新政策和人民日益增长的对美好生活的新需求。

1.4.2　智慧园区建设框架

　　智慧园区建设框架见图 1-3。

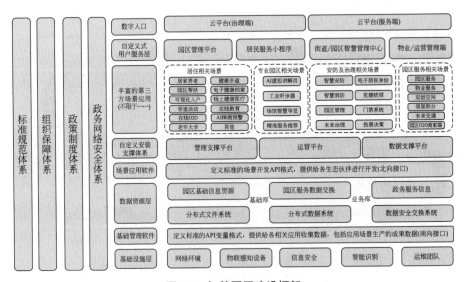

图 1-3　智慧园区建设框架

智慧园区建设的架构原则，体现在以下几个方面：

1. 稳定及可靠性

架构应从园区建设和日常运营管理的角度出发，在功能上充分考虑园区使用者及运营管理者的实际工作需求，并满足"安全第一，稳定至上"的宗旨。系统采取各种备份措施确保通信的稳定，在实现所需功能的基础上，具备极高的可靠性和稳定性，能够不间断地连续工作。

2. 开放及扩展性

架构应符合开放式的设计标准，可对外提供各种 API 标准接口，完全实现与第三方系统的对接。传递各种实时及报警信息，达到统一调配、统一管理的目的。系统从软件和硬件两方面，采用模块化结构设计，以适应不同区域、不同数量及不同需求。软件方面可实现基础功能模块与扩展功能模块搭配组合应用；硬件方面可灵活增减相应的模块，不影响系统其他部分的正常运作。

3. 先进及安全性

架构采用成熟的中间件技术、多线程技术、数据压缩技术、互联网技术、面向对象技术、关系性数据库、结构化存档等先进手段，多项技术指标及性能具有唯一性。在架构设计上对业务系统的用户、权限进行管控，可实现用户信息管理、角色权限信息管理、访问授权、系统属性设置等。系统可采用热备份功能，以确保数据的安全。

4. 维护及友好性

系统使用先进的开发技术和工具，选用可维护性好的开发语言，支持远程维护。系统界面要求设计美观、简单、易用、可操作性强，人机交互友好，实现所见即所得。

5. 数据及生产力性

通过对接园区各智能化子系统，对大数据进行分析，提供脱敏后的海量数据给相关部门，使数据成为生产力。

第 **2** 章

智慧园区规划

2.1 园区场景分类及设计

为实现人民对美好生活的向往以及美好生活零距离的目标，需要对园区场景进行分类和规划设计。

2.1.1 邻里场景设计

突出"园区即城市文化体验区"定位,凝练园区特色文化,提出园区开放、邻里公约、共享邻里空间、社群社团活动、邻里贡献积分机制等方面具体方案和实施路径，重点包括场景系统架构、规模标准、机制保障等内容。

2.1.2 教育场景设计

对3岁以下儿童托育服务全覆盖、幼小扩容提质、幸福学堂全龄覆盖、"知识在身边"数字化学习平台、跨龄互动学习机制等方面提出具体方案和实施路径,重点包括场景系统架构、设施类型、平台载体、规模标准、机制保障、服务供应商等内容。

2.1.3 健康场景设计

围绕全民康养目标，提出园区高质量医疗服务、数字化健康管理、智能健康终端应用、园区养老康复助残服务、活力运动健身、国医保健服务、健康积分应用等方面具体方案和实施路径，重点包括场景系统架构、模式机制创新、场所设施、规模标准、智慧模块搭建、产品设计等内容。

2.1.4 创业场景设计

按照"创客厅"理念，提出园区双创空间的组织方案；提出创业者服务中心、创客学院、园区众筹服务平台等创业孵化服务平台的实施方案；提出人才安居、落户、创业扶持相关的配套机制保障方案，重点包括空间功能、模块组织、规模标准、服务运营、平台搭建、机制保障等内容。

2.1.5　建筑场景设计

聚焦空间集约开发创新，应用现代科技的建筑原创方案，推广装配式建筑和建筑装修一体化技术应用，提出集"标准化设计、工厂化加工、机械化施工、信息化管理"于一体的建造技术集成方案。重点落实空间布局规划、形态风貌设计、建筑产品创新、人文环境营造、建造技术集成、信息平台搭建、指标标准设定等内容 。

2.1.6　交通场景设计

围绕园区业主出行、车辆通行以及物流配送三方面交通服务需求，提出园区对外交通衔接、内部街区路网布局、"人车分流"交通组织管控、无障碍慢行交通体系、智慧出行服务、智慧共享停车、新能源汽车供能保障、非机动车管理、物流配送集成服务、车路协同接口预留等实施方案，包括物理设施、组织理念、技术平台、建设标准、制度保障、产品设计等内容。

2.1.7　低碳场景设计

提出园区"光伏建筑一体化＋储能"的供电系统、集中供暖（冷）系统、智慧能源网布局、可再生能源利用、非传统水资源利用、垃圾分类和回收利用、互利共赢能源供给模式改革等具体方案和实施路径，重点包括设施布局、设备标准、技术创新、管理平台、政策机制、产品设计等内容。

2.1.8　服务场景设计

提出园区"平台＋管家"物业运行机制、基本物业服务"零收费"的可持续运营方案；提出园区应急体系、无盲区安全防护、生活便民服务、商业服务、智慧物业运营平台等实施方案，重点包括系统架构、空间载体、功能模块、规模标准、机制保障、产品设计等内容。

2.1.9　治理场景设计

整合统一园区和居委会边界，围绕党建引领的治理创新、园区自治组织、开放协商的议事机制、数字化精益管理机制等方面提出落地组织架构、制度设计、人员组成等方案，以及需要配置的空间载体规模、数字化支撑平台和相关参与企业等内容。

2.1.10　特色及融合场景设计

根据各自园区不同的应用需求，对不同的场景进行融合。

2.2　感知设施

感知层是园区感官神经，是以物联网、传感网等技术为主体，实现对园区范围内基础设施、环境、建筑、安全等基础信息的监测和控制，实现企业、个人、环境的统一。

园区场景不同，感知设施的选择也不尽相同，但总体而言，可归为以下几类前端设施，即图像感知设施、声波感知设施和状态感知设施。

2.2.1　图像感知设施

包括各种类型的摄像机，可进行静态图像感知，也可进行动态图像采集，为识别、状态等应用功能提供数据。

园区内任何场景都离不开识别功能，可以说人眼能识别的东西都可以作为机器识别的对象。识别是智慧园区主要的前端数据来源之一，相当于人体的眼睛，人的大脑获取信息的80%来源于眼睛，可见识别对智慧园区的重要性。

2.2.2　声波感知设施

包括各种类型的声波探测记录设备，诸如常规拾音器、超声波传感器、声呐等感知设施。

拾音器常用于智慧园区内需要采集声音的区域，诸如游乐区、工厂设备运行区、机房等。人工语音请求也是拾音器的一种输入形式。通过 AI 计算识别，作为一道命令输入去启动相应的动作。

超声波传感器常用于智慧园区内的水箱、污水池、河流湖泊等液位监测。

声呐可用于园区水系内的物体监测。

2.2.3　状态感知设施

状态感知设施是除图像感知、声波感知以外的各种探测技术的集合。

1. 变送器设备

变送器设备的应用比较广泛，比如能源设备的功率、电流、电压监测；机房环境的温湿度监测；各种管道内流体的温度、压力、流量等的监测；水箱水池液位监测等。

2. 探测设备

如消防系统的各种探测设备（烟感探测器、可燃气体探测器、火焰探测器等）；环境监测系统的各种探测设备（PM2.5/PM10 探测器、CO/CO_2 探测器、照度传感器、有毒气体探测器、煤气探测器等）；安防系统的各种探测设备（主动红外报警器、双鉴探测器、门磁窗磁、玻璃破碎开关、振动电缆、手动报警按钮、巡更棒等）；楼宇控制系统的各种探测设备（限位开关、行程开关、启停开关、压力传感器、流量传感器、温湿度传感器、压差传感器、热电阻等）；道路交通的地感线圈等，都是前端感知设施。

感知设施是园区的前端采集设备，是智慧园区的网络神经。智慧园区任意场景的数据采集都是多种感知设施的集合，就如同我们感知园区内一朵鲜花，要用眼睛看、鼻子闻、手触摸等才能知道这朵花是否是真花，是什么颜色，是否有香味等信息。

感知设施使用的种类越多，对园区内场景的真实性判断就越准确。当然对控制平台的要求也更高。一个合格的智慧园区其平台是庞大的，不仅要有丰富的前端感知设施，还要结合 GIS、OA/ERP、天气、人文等全方位的信息，才能感受到一个真实的园区，也才能对园区进行更合理的控制，达到人与环境、设备的高度统一。

2.3　信息互联

智慧园区需要上联（指联结政府及各种社会服务平台）数字社会入口，下联（指联结各种本地应用平台）一体化贯穿。基于数据连接园区、业主和应用场景的理念，致力于园区业务数字化，沉淀基础数据，赋能治理及业主服务。

2.3.1　园区数据来源

智慧园区的应用系统，覆盖民政线、党政线、综治线等多个政务服务线，多种系统服务形式。各部门应用系统较多、信息化分散建设，缺乏统筹和统一规范，导致网络难互联、系统难互通。基于统一标准构建以园区网络层、终端层以及物联网设备接入层为核心的智能感知系统，形成园区数字基建，完成园区数据的实时采集与快速传递，为园区数字化建设提供坚实支撑，园区数据资源池应汇聚园区物联感知数据、应用服务数据及园区各主体活动数据，包括园区空间、人、车、房、物等资产数据和动态记录数据存储及管理功能。在原有数据资源资产基础上，充分考虑数据安全与隐私保护，通过标准化数据接口对接城市大脑，全面对接下沉的政府治理数据和数字社会公共服务数据，赋能场景落地应用，建立数据迭代更新机制，通过高频应用推动数据治理。

2.3.2 数据互联方法

建立园区数据资源池，因底层（南向）应用众多，需要将数据分为结构性、半结构性、非结构性类型，建立一套标准的 API/SDK 的接口标准及统一地址簿，提供应用承接及落地集成的能力。对北向应用产生的数字成果也需要再汇入数据资源池，便于综合应用。对部分已经早期开发的重要应用，短期内无法适用园区 API 标准的，园区可以自行开发转化工具来实现。总体来说，对北向场景开发者来说，只要掌握一个 API 标准就能完成开发任务。

1. 数据库设计

（1）符合标准。信息资源规划和数据库建设应符合国家相关信息资源标准规范，其中包含指标体系分类编码标准、信息资源目录标准、元数据标准、代码标准以及数据交换格式标准等。

（2）数据准确性。数据准确性是预警服务数据可用的基本要求，在建设时必须对数据的准确性进行严格的审核、校验，保证系统的正常运行。

（3）数据访问效率。数据访问效率必须放到重要的位置，通过资源及技术保障来支撑系统，使其具备高效的服务能力。

（4）数据安全性。建设强有力的安全防护体系，保障信息安全。

（5）数据可追溯性。必须将数据的产生、处理、采集、转换等信息完整地保存下来，并清楚地标注数据处理流程，实现数据全生命周期管理，支持追本溯源。

（6）信息可扩展性。通过灵活的结构设计，强化信息可扩展性，从而具备变化的适应能力，能够支持并适应系统与国家政策的同步变化。

2. 数据库结构

数据库是基于园区的数据资源，为业务应用系统和行业部门共享服务，是智慧园区平台系统中各分系统之间数据共享与服务的数据基础与技术基础。基础库中数据按照园区制定的规范进行设计，在基础库中建立分系统业务产品数据库。

数据库根据其所承载业务的安全要求，部署在园区数据平台，按国家及地方信息管理要求进行分级保护，确保信息资源的安全。数据库是一个多层次、综合性的空间与属性信息集成的数据库，具有多业务类型、多比例尺、多源性等特点。

根据业务系统和共享交换的要求，基于园区的统一设计，数据库扩建的指导思想为"统一框架、集中使用、便于交换"，科学合理地设计数据库。使数据库本身能够按照分步实施、同步应用、动态扩展的步骤建设，按照统一的标准和规范，各个数据库扩建协调一致，充分考虑数据库的扩展和数据更新需要，同时对现有的可以利用的数据进行数据转换、融合、集成更新等工作，以保证数据的可持续性。

3．数据库建设内容与设计

系统中任何信息实体及其属性都可以通过数据来表示。数据经过加工处理后，表现为信息。在数据库中存储的数据都有实际的含义，通过程序的处理和界面的展示，转换为可以理解的信息。

对上层（北向）的场景开发也需要建立一套标准的 API 开发接口，通过园区统一的空间、用户、积分、权限、支付、评价、停车、安防等园区标准应用服务，实现应用接入、验证、发布等标准化管理，避免碎片化应用建设，有效降低成本、减少重复开发，打造场景开发的生态系统。

2.3.3　可定制化安装管理及应用平台

实现城市大脑与园区智慧服务平台纵向对接贯通，为园区智慧服务平台提供公共、通用且技术标准统一的智能组件，如园区用户的实名认证服务、人脸识别技术、标准身份认证等服务，以及园区内人员结构、年龄层分布、人口流动性数据画像、婴幼儿及儿童 / 青少年数量等数据模型，实现公共服务应用和数据治理组件的统一规范提供，避免分头建设、重复投入。

以治理需求和居民服务为导向，对标园区场景落地要求，梳理形成数字化高频应用事项清单，通过与园区用户体系、数据资源和配套场景等的打通在园区空间落地，形成园区场景"邻系列"应用在园区空间的精准落地。以园区为载体，以第三方服务为重点，有机融合市场侧应用服务，满足居民对社会事业普惠性公共服务的需求，打造典型高频应用"金名片"。

充分发挥数字产品低成本、高可复制性的优势特点，通过政府规范引领、企业主导建设，构建"服务应用商城＋园区智慧服务平台"的建设模式，通过聚合软件开发商、硬件供应商、系统集成商、场景服务运营商等的优质应用和服务，覆盖未来园区数字化设计、建设、管理、实施、运营全生命周期，以开放标准及低代码开发方式构建多元承载的未来园区数字化应用服务市场。在设计建设期，通过按需下载、标准部署和弹性服务等实现应用的快速分发和高效落地，解决数字化低水平、重复建设的问题，实现数字化建设的低成本、高效、可复制。在运营期，按实际运营需求从服务应用商城下载或删除数字化应用，实现应用服务体系的有机更新和迭代，并透出高频应用最佳实践，满足数字化运营商对长效运营的需求。

园区智慧服务平台建设需充分整合利用已有数字化工作基础，统筹并与公安雪亮工程、智安小区平台、智慧物业、基层治理四平台数字化成果进行有效联动、集成应用，充分发挥现有数字化成果的综合集成创新效应。按需完善原有园区智能感知设施网络，联动园区智慧服务平台，实现对园区数字化覆盖面扩大和功能提升，全面提升园区智能化水平和成效。各管理及应用人员对管理（应用）平台的需求不一，因此为了管理使用方便，需要有一套智慧化的安装程序来继续定制化地安装，按每个使用人员的要求安装所需模块。

界面生成器（图 2-1）相较于传统的软件界面的优势如下：

（1）生成的定制化的界面，不需要进行代码开发，通过配置实现，快速高效。

（2）解决了以往软件界面单一的问题。可以满足一个园区不同部门根据管理内容的不同生成不同管理界面的需求，如保安部门主要监管的内容是监控、报警等，财务主要关注的是财务报表，物管主要关注的是设备的

图 2-1　界面生成器示意图

运行状态、水电使用情况，领导关心的是各项指标、统计信息。

（3）过去软件功能多了，只能把各项功能压缩到各个菜单里，通过层层菜单选择才能找到想要的功能。界面生成器可以根据不同管理人员所关心的内容进行界面编辑，将所关心的内容直接放在主界面上展示。

（4）界面易编辑。根据业务的发展，可以对界面重新编辑，不需要代码编程，不需要代码测试及稳定性测试。

2.3.4　可编辑的事件逻辑

因每个管理人员的权限和关注的重点不一样，同一事件的反应逻辑也不一致。因此管理平台的模块逻辑应可编辑，能让每一个管理人员对事件有正确的应对。

应用可编辑事件逻辑，不需要修改园区的总体软件编码，只是在不同的管理人员处修改本地的事件逻辑，因此不会对整个平台产生危害，也就不需要对整个平台进行测试，保障了平台运行的平稳性和连续性。

2.4　智慧园区公共区域技术应用

智慧园区应用场景主要包括园区公共区域视频监控、公共广播、多媒体信息发布、共享会议室等。

2.4.1　智慧园区视频监控应用技术

1. 应用概述

园区是一个开放的公共场所，公共区域的安全是智慧园区的最基本要求，公共区域的视频（音频）图像保存至园区监控中心，根据权限和需要可以共享相关资源给业主。它是整个综合安防建设的最重要环节。

2. 应用基本要求

园区公共区域监控全覆盖。需要结合园区监控范围的要求，选择合理的监控摄像机部署位置，针对园区的出入口、园区内部重要道路/通道、绿化公共区域、园区周界区域、楼宇间走廊、停车场等需要做到全方位监控，除此之外，还需对园区的重要设施、机房、数据中心等区域进行监控。出入口处的摄像机应统一指向出口方向。

视频监控清晰度质量。结合园区管理要求，在满足园区全貌监控的同时，还需支持车辆外观、车牌号码、人体、人脸等细节的清晰视频拍摄和图形识别自动抓拍，以提高监控内容的质量，确保视频提取的有效性。

监控全天候。以满足监控清晰度质量要求为准则，监控系统需对晚上、阴雨天气等光线变化的环境自适应，以提供全天候看得清、看得懂的监控视频图像内容。

系统可扩展性与开放性。系统需遵循国际及行业标准的音视频编码格式及标准的通信协议，并具有开放的控制接口，以满足于指挥中心调度系统及其他综合安防系统集成的需求，需实现园区指挥中心对视频监控画面进行实时调取和管理的要求，同时也应支持系统扩展和延伸应用。

智慧化应用。为突出视频监控系统的先进性，以及提高监控能力的智能化，视频监控系统需支持 AI 智能技术，通过对视频画面进行智能化实时分析，对于出现的异常突发状况进行及时预警和警示。

2.4.2 智慧园区公共广播系统应用技术

1. 应用概述

智慧园区作为人们生活、办公的公共聚集场所，对各种公共信息传播的需求也越来越高，而公共广播作为音频公共信息传播的重要手段，在智慧园区的气氛调节、通知传达、信息传播、安全防范等众多应用场景中，扮演着重要的角色。另外，在紧急情况下，公共广播可以配合消防广播，针对事故发生现场，快速播报紧急疏散信号，在救灾指挥方面也发挥了重要的作用。

结合智慧园区的布局，公共广播主要部署在园区出入口警亭、园区周界区域、园区空旷及绿化公共区域、停车场，以及楼宇内的公共场所。

2. 应用基本要求

背景音乐广播。应满足园区内各区域多样化的音乐、新闻等节目播放需求，需实现以自动、手动方式进行定时、循环、选取播放，同时还需要满足临时通知、求助等内容插播应用，广播应充分保障语音清晰度。

园区周界警告。公共广播系统需与安防监控系统联动，在园区监控到异常情况时进行及时广播通告和警告，提高园区安防监控的能力。

广播监听。在管理中心可以对园区内实时广播内容进行监听与日志留痕，实时掌握广播的效果。

2.4.3 智慧园区多媒体信息发布系统应用技术

可在园区入口、公告栏、内部道路通道等场合部署室外信息发布终端，用于园区宣传片播放、园区地图导览、园区概况、通知公告、气象信息、新闻等信息展示。

2.4.4　智慧园区共享会议室应用技术

园区会议室的预约与出租经营。园区内会议室属于公共共享资源，为提高会议室资源的利用率，需具备完善的会议室预约功能，以及会议室租赁运营功能。一方面可以让会议室的使用更规范有序，另一方面也能分析统计会议室的使用价值与经济回报。

会议室设备的集中管理和监测运维。会议室内各种功能子系统相对独立，为便于对各种设施统一管理和维护，可通过可视化运维平台进行集中管理，实现设备应用维护的便捷性与智能化。

2.4.5　线上线下统一机制

平台应根据每个园区的管理部门的要求及自身的管理办法，正确地设置事件发生以后的响应预案，达到线上指挥、线下执行的目的。

园区平台依托省市政府门户网站的统一入口，与政务服务网人口库、法人库数据和投资项目在线审批监管平台实现了数据对接，连通各级各部门现有行政许可事项网上受理办理系统和各市县政务服务中心，达到政府服务下沉到园区的目标。还要实现园区服务上网基础支撑，以权力清单、责任清单和公共服务事项清单为基础，严格规范事项名称、办理条件、办理层级、办理时限、办事流程，逐项明确需提交材料的名称、依据、格式、份数、签名签章等要求，并提供规范表格、填写说明和示范文本，做到园区"同一事项、同一标准、同一编码"。诉求平台面向园区用户，受理解决用户在居住、生活、生产经营过程中遇到的各类问题、困难以及意见，同时整合政府各部门的资源，依托功能区网格化机制建立网格员和用户的对口服务关系，由功能区专员第一时间受理、流转、跟踪用户诉求，直至每项诉求闭环。通过线上流转、线下协调的工作机制，实现服务对象的"全覆盖"，服务平台的"全流程"，服务过程的"全闭环"，服务质效的"全跟踪"，形成所有部门都不能轻易对用户说"不"的工作机制（图 2-2）。

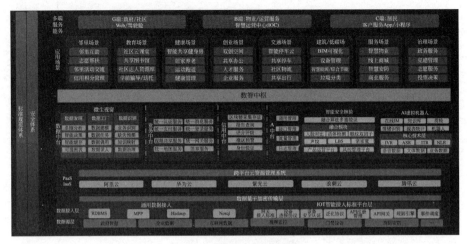

图 2-2 园区数据流向图

第 **3** 章

智慧园区平台及运营

3.1　园区指控中心

智慧园区指控中心主要是园区综合信息展示、会议报告、综合研判、辅助决策、资源协调以及指挥调度的中心，集应急会商、指挥调度、汇报演示、日常会议于一体的现代化、网络化、智能化的运营、决策中枢平台。通过园区指控中心及其服务平台的建设，进一步推进全面透彻感知园区运转，协同管控园区治理，精准定位社会服务，实现跨部门的协调联动，提升对突发事件的应急处置效率和园区智能化水平。

3.1.1　指控中心布局

1. 指挥大厅

指挥大厅能够对园区运行态势进行日常监测和管理，遇到园区突发事件时，还可实现应急调度和部门间联动处置。指挥大厅功能系统建设包括显示系统、分布式综合管理系统、音频扩声系统、高清录播系统、视频会议系统、融合通信系统、数字会议系统和操作台及坐席配套系统等。

2. 会商室

会商室主要用于紧急事件会商、决策、研判，同时满足日常会议讨论等需求，因此对显示、信号推送、音频扩声、数字会议、无纸化会议均有较高要求。会商室信息化系统建设包括显示系统、无纸化会议系统、音频扩声系统、智能管控系统。

3. 贵宾接待室

贵宾接待室是领导、贵宾在会议开始前临时接待休息的场所。贵宾接待室的装修应体现健康、大气、温馨、舒适有格调的风格。

4. 值班室

值班室是平时园区安全实时监控、综合展示、风险分析、热线服务、隐

患排查的综合值班运行中心，是园区安全 24h 值守中心。值班室建设主要
包括显示系统、坐席配套设施。

5. 机房及设备间

主要是用于存放园区主要 IT 设备，包括网络交换设备、分布式管控设备、
音视频管理设备、视频会议及录播设备等。

3.1.2 指控中心总体架构

指控中心总体架构见图 3-1。

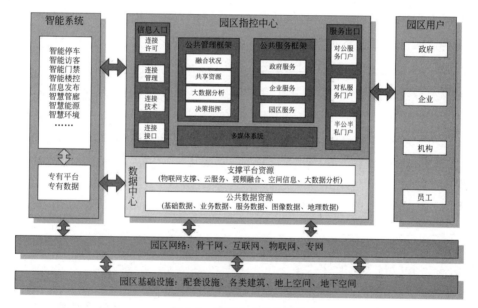

图 3-1 指控中心总体架构

3.2 IT基础设施

指控中心的数据中心是整个智慧园区的中枢和大脑，是各种网络通信

的中心，是信息存储和处理的中心，同时，也是各种应用的服务和管理中心，因此，需要配置核心的网络、服务器、存储、云平台及安全等信息基础设施。

信息基础设施自身应该具备良好的可靠性，所有软、硬件应该冗余部署；同时，云资源池必须对业务系统虚拟机提供良好的可靠性保障，支持虚拟机 HA 功能，尽可能减少故障情况下业务系统的中断时间，并快速自动恢复业务系统。信息基础设施必须具备多重安全保障措施，从硬件层、虚拟化层、网络层、传输层等各个层面为业务系统提供安全保障。

信息基础设施具备统一的维护管理系统，实现对物理资源、虚拟资源的统一管理，简化管理流程，提升管理效率，降低维护管理开支。

数据中心安全建设内容包括网络、设备的安全，以及数据、信息的安全等。园区可根据自身管理和运营需求，按照国家《信息安全等级保护管理办法》、《信息安全技术　网络安全等级保护基本要求》GB/T 22239、《信息安全技术　网络安全等级保护安全设计技术要求》GB/T 25070 等相关文件、标准要求，制定本园区的信息系统安全防护等级。

安全物理环境设计内容包括物理位置选择、物理访问控制、防盗窃和防破坏、防雷击、防火、防水和防潮、防静电、温湿度控制、电力供应及电磁防护等方面。

3.3　应用支撑平台

3.3.1　平台概述

应用支撑平台是指控中心重要组成部分之一，其主要实现对园区各种应用系统的共性支撑。应用支撑平台主要包括大数据、物联网、视联网、BIM/GIS、人工智能平台等。大数据平台实现对类数据的全生命周期管理，并提供智能算法、模型等数据服务；物联网平台实现园区感知终端设备接入管理、物联数据管理及服务；视联网平台为园区提供统一的视频基础服务、

视频解析服务、视频能力开放服务等；BIM/GIS 平台利用 GIS 服务实现园区
从地下到地上地理信息的数字化，利用 BIM 模型构建园区的三维数据空间
画像，在数字空间模拟仿真组建出虚实映射的数字孪生园区模型；人工智能
平台利用语音合成、实时语音转写、离线语音转写、语音听写、静态人脸识别、
OCR 通用识别、机器翻译、命名实体抽取等 AI 技术，面向园区各个业态提
供 AI 场景能力，快速响应特定领域、特定专项人工智能业务需求。

3.3.2 平台组成

1. 大数据平台

智慧园区系统建设规划时应遵循充分解耦的原则，对应用层和数据层
分别进行规划设计，将数据层相应能力集中建设，实现系统数据能力的全
面整合。智慧园区可通过大数据平台的建设，实现园区区域内部的数据层
集中建设，并通过大数据平台向区域内部各种应用系统提供块数据库服务、
数据汇聚、数据存储、数据目录、数据共享交换、数据服务等，达到应用
系统生长在大数据平台上的目标。

2. 物联网平台

物联网平台主要向下负责统一开放接入各类感知终端、系统网关、行
业应用，实现感知数据的统一汇聚；向上负责为智慧园区其他支撑平台（大
数据、BIM/GIS）统一提供各种物理设备设施的实时感知数据以及处理融合
后的结构化数据。

现场设备设施的终端点位和基本运行数据必须实现物联网平台的对接，
平台提供三种设备设施数据接入管理方式，即设备接入、网关接入和第三
方系统接入。

3. 视联网平台

视联网平台是园区"视频一张网"基础设施的管理服务平台，为各应
用提供统一的视频基础服务、视频解析服务、视频能力开放服务等。

4. BIM/GIS

BIM/GIS 平台在园区建设中，主要通过加载全域全量的数据资源构建

多维数据空间，利用 GIS 服务实现园区从地下到地上地理信息的数字化，利用 BIM 模型构建园区的三维数据空间画像，同时整合遥感、北斗导航、地理测绘信息、智能建筑等城市空间数据，在数字空间模拟仿真组建出虚实映射的数字孪生园区模型。

在园区建设时，BIM 成果应遵循我国现行的国家标准、行业标准的有关规定。

5. 人工智能平台

人工智能平台通过接入视频网视频数据、大数据平台业务数据，依托 AI 能力，响应园区应用场景的 AI 能力需求，为 AI 能力与 AI 场景的落地提供核心能力支撑。人工智能平台主要由 AI 能力托管、AI 原子能力、智能交互场景、视频分析场景等系统组成。

（1）AI 能力托管

AI 能力托管旨在为园区业务应用提供灵活的、可伸缩的能力服务托管框架，为用户提供能力注册、部署、卸载、控制和监控一站式管理服务，解决 AI 能力管理困难的问题。

（2）AI 原子能力

AI 原子能力提供了语音、图像和 NLP（神经语言程序学）三大类能力。

1）语音类包含语音转写、实时转写、离线转写和语音合成能力。

2）图像类包含 OCR 通用、证照识别和人脸识别能力。

3）NLP类包含语义解析、命名实体抽取和机器翻译能力。

（3）智能交互场景

通过从 AI 能力在各个业务中的落地经验抽象提炼出共性需求，并基于语音识别、语音合成、自然语言理解等 AI 能力技术，完成 AI 专项能力的业务沉淀，为园区业务应用赋予语音控制、智能问答、智能搜索等智能交互场景。

（4）视频分析场景

依托视频场景分析的 AI 核心技术及紧贴园区业务中的需求，抽象提炼出共性需求，完成 AI 视频分析能力的业务沉淀，为园区赋予安防类、治理类和服务类等视频分析场景。

3.3.3 实施部署

园区平台实施部署方案支持本地部署、私有云部署、混合云部署三种方式。

本地部署:本地部署即将软件、应用环境和数据都部署在自有服务器上。其优点是保证企业数据自主掌控、安全性高;使用独立宽带,不易受外部因素干扰,访问速度快、系统稳定性高。缺点是建设机房或者托管服务器投资成本大,维护成本高。

私有云部署:私有云部署在园区内部,私有云的安全及网络安全边界定义都由园区自己实现并管理,私有云部署的核心特征是云端资源只供本园区内的员工使用,其他的人和机构都无权使用云端计算资源。

混合云部署:混合云部署是由两个或两个以上不同类型的云(私有云、公共云)组成的。它既可以利用私有云的安全,将内部重要数据保存在本地园区数据中心;同时也可以使用公有云的计算资源,更高效快捷地完成工作。

3.4 中心平台应用

3.4.1 平台应用概述

一类是面向园区运营方,提供掌握园区运行态势、保障园区安全、提升园区管理与服务水平的智慧园区指控中心平台,具备从支撑平台提取园区基础数据、物联感知数据、核心业务数据的能力,并在此基础上构建全息模拟、动态监控、实时诊断的智慧园区,实现园区地理环境、建筑设施、运行情况等动静结合的一体化交互展示与智能分析,为用户提供园区综合运行态势监测、协同联动指挥等综合应用能力,并将关键性的业务指标通过图表分析展示呈现给决策者,实现统计图的钻取等操作,全方位支撑领导决策。同时，通过人工智能与机器学习算法，挖掘大数据的潜在价值，帮助园区由简单的信息化管理转变为数据驱动的智能化管理。

一类是面向园区入驻部门、企业、公众等服务对象，实现物业管理、对客服务等基础共性智慧应用，向园区服务对象提供舒适通行、便利消费服务。

3.4.2 功能组成

智慧园区指控中心平台应用主要包括综合态势监测、协同联动指挥、物业管理、对客服务等功能。综合态势监测包括综合运行监测、生命线运行态势、安全运行态势、能耗运行态势、环境运行态势、设备设施监测等；协同联动指挥包括预案管理、资源管理、接报管理、调度指挥、分析评估、统计分析等；物业管理主要包括空间管理、资产管理、库存管理、收费管理、风险合规管理、工单管理、物业服务管理、巡检管理、考勤管理、访客管理、设备监控等；对客服务包括呼叫中心和物业管理等（图3-2）。

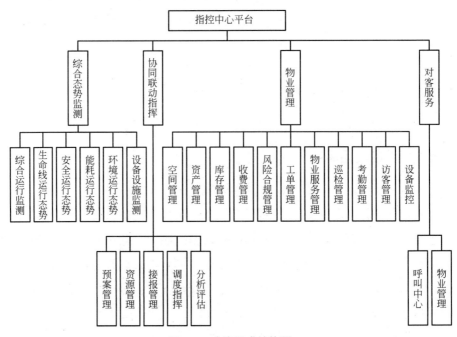

图3-2　功能组成结构图

3.4.3　主要功能描述

1．综合态势监测

综合态势监测包括综合运行监测、生命线运行态势、安全运行态势、能耗运行态势、环境运行态势、设备设施监测等多种主题，为园区运营者提供园区内基本环境、建筑、设施设备、人员、车辆、企业、正常经营活动以及异常事件等全时段、全要素的园区运行态势掌控工具，多层次、多角度地呈现园区运行态势，包括宏观展示园区环境、产业等运行关键指标，提供安全、能源、通行等各领域的专题呈现，以及园区各类管网管线、感知设施等基础设施的分布和运行情况。同时，对出现设备告警、安全事件、运营异常等情况进行告警，提醒及时采取协同联动等措施，降低安全隐患或优化园区运营。

2．协同联动指挥

协同联动指挥包括预案管理、资源管理、接报管理、调度指挥、分析评估、统计分析等，为园区有紧急事件发生时提供从预案、资源到调度及分析等的全过程、系列化服务手段，保障了园区应该具有的应急联动处置功能。

3.5　智慧园区运营

近年来，我国智慧园区发展迅速，对发挥产业集聚优势、调整产业结构、培育新兴产业具有重要意义。智慧园区不再是单纯的工业加工、科技产品制造区，还包括配套的各种商业服务、金融信息服务、管理服务、医疗服务、娱乐休憩服务等综合功能。此外，传统园区存在产业同质化、"重建设，轻运营"等问题。因此，要不断提高智慧园区运营水平，做好园区顶层设计，注重差异化发展；立足园区战略招商引资，促进产业集聚；加快运营商身份转变，重视软服务提升。

智慧园区的良好运营依赖于商业运营实现园区资产增值、园区企业降本增效、园区人员工作/生活良好体验。在"数字基建"的时代大背景下，依托"平台+生态"模式，打破传统基建的业务、数据、场景等壁垒，从根本上突破物理边界、重构线上边界，将园区闲散、分散的基础设施、空间、产业配套、商业配套等资源进行整合和重构，将人、空间、服务三者有效融合，激活存量资源，发现增量资源，实现园区资源和用户资源的优化配置，最终使园区成为良性、协调、动态、可持续发展的空间载体，实现连接在线、内容在线、场景在线、营销在线、产业在线，真正将园区建成可持续化高效运营的智慧生命体。

3.5.1 智慧园区运营特点

1. 实时感知

通过安装 RFID、二维码、传感器等设备赋予更多物体感知功能，以及智能化系统的集成及融合，更好地监测和管理园区设施设备。

2. 动态控制

智慧园区指控中心平台具有远程控制功能，可以对园区设施设备按照需求进行集中监控。指控中心平台能迅速应对突发状况，对其进行有效处理。

3. 信息服务

从基于部门的内部信息化走向整个智慧园区的管理信息化，从单纯的信息管理走向以服务为本的协同一体化服务，做到随时、随地、随需获取服务，智慧园区各管理系统将整合为一体，形成统一的运营管理体系。

信息服务要求园区的智能系统遇到故障能够迅速推送到相关责任人；同时，也可以作为商家精准营销的信息推送或园区关爱的消息推送。比如园区的网络中断，信息推送到责任人；园区遇到紧急突发状况，信息推送到园区所有人；园区商家的商业活动推广，精准推送广告给精准用户等。

构建园区运营指标体系，包括营收指标、收入构成、财务盈利能力等经济指标，以及园区产业产值、龙头企业、创新孵化能力、资本、金融机构数量、人才聚集水平等园区经营指标，将有利于对自身经营状况进行衡量，能在运营中及时调整。

4．主动服务

解决传统园区运营瓶颈，改变粗放的招商运营模式，提供包括产学研服务、企业孵化服务、投融资服务等在内的高效、全方位、可持续的主动服务是智慧园区运营的必然趋势。

通过对智慧园区指控中心平台积累的大数据进行分析，提供精准的用户服务：如利用园区政策计算器，对企业用户画像精准描述，可快速了解创业企业符合哪些政策资质要求，及时推送相关优惠政策，为创业企业获得政策支持提供极大便利，降低创业成本。

5．全生命周期数字化管理

在园区的规划、设计、建设、管理、监测和运维的全过程上使用数字化手段进行管理。基于这种管理模式，全生命周期的整体数据可以从多个层面进行分析，包括规划、管控、运行、现状、历史，从而整体有效地进行园区管理，并可基于空间信息服务平台实现管理和服务的全景化呈现。

6．与智慧城市融合

智慧园区改变了传统园区"重产业,轻人居""重工业,轻生活"等弊端。未来智慧园区不仅注重生产、研发、办公等功能的完善，也将更加注重教育、医疗、文化等公共服务设施，以及居住、休闲、娱乐等生活设施的建设。同时，智慧园区不再是一个封闭独立发展的个体，而是一个集生产与生活于一身的多功能综合体。园区生产与城市生活不再被割裂，边界逐渐模糊，城市发展将以园区管理为牵引，城市与园区互动发展，智慧城市管理与智慧园区运营的融合成为新的发展方向。

3.5.2 智慧运营的主要内容

园区的智慧运营主要体现在产业运营、招商运营、企业服务运营、人才服务运营、社群运营、绿色运营和平安运营等方面。

通过智慧化建设，实现园区设备、事件、环境、业务运行状态的可视化管理，提升园区管理者服务水平和工作效率，助力招商引资等。通过智慧园区指控中心平台园区产业经济一张图的全景展示，面向企业、人才、公众进行园区品牌推广，让园区管理者可以从多维度、多层级角度对园区产业经济发展进行观察、追踪并决策。园区产业经济发展出现的问题或者一些发展的关键节点，会与园区管理者视角相关联，提示园区管理者关注。

1. 产业运营

产业运营是园区发展的驱动力，为园区产业招商、孵化、成长、发展和壮大提供全生命周期产业服务；主要包括产业研究、产业图谱、企业图谱、产业促进、产业资源定位、行业情报搜索、产业公共服务平台、创客空间、孵化器、产业联盟、产业发展联盟、产业交流展示等。

智慧园区建设集中统一运营管理平台，应能为园区招商引资提供精确的数据，实现对企业招商、入驻、人/财/税/法服务等方面的全链路在线化服务。建立招商引资项目库，包括项目管理办法和制度录入查看，园区资源分布填写，产业发展现状统计，已储备项目投资金额、数量，项目可行性分析报告整理；项目储备汇总统计上报，年度计划任务完成进度查看，工作经费申报等。为招商人员提供客户关系管理模块，引导招商人员科学系统地管理客户资源，为招商板块培育客户群提供专业化工具与手段。

智慧园区应以构建产业链为价值导向，整合各类生产要素，形成稳定的主导产业和具有上、中、下游结构特征的产业链。一方面，搭建信息化交流平台，汇聚企业，便于商务交流、对接；熟悉园区内产业的经营情况和市场方向，助力产业生态圈的形成。另一方面，打造良好的产业支撑和配套条件，定期组织企业参加园区企业大会、行业交流会、产品展销等商务活动以进行知识与信息共享，加强园区与企业，企业与企业之间的交流，使资源利用最大化，共同帮助园区和企业走得更远。

2. 企业服务运营

企业服务运营是企业发展的动力，让企业专注核心业务创新；主要包括创新资源协同服务、政务服务、法律服务、金融服务、人力资源、公正仲裁、技术交易、知识产权交易、创新创业服务、非核心业务外包服务、工程服务、行政服务、IT服务、采购服务、拎包入住、超级前台等。

智慧园区应建设基于"一企一档"的集中统一运营管理平台，借助"平台＋数据＋服务"的信息化建设思路，将数据、专业应用集中管理，在一个平台上管理各类应用，以适应未来业务的变化及发展，支持快速搭建应用的需求。平台应能深入到企业的角度，展示园区现有企业，特别是重点企业的运营情况，对已入驻企业进行统计分类，结合园区目前的公共服务能力与公共服务资源，创造商务生态系统。展示园区内明星企业，展示企业示范标杆，同时介绍各企业的优秀人才，既能方便园区人才互通、交流沟通，也能体现园区对优秀企业和高端人才的吸引力，构建合作生态圈。

通过引入服务机构合作伙伴资源，扩展对园区内企业的服务内容。为企业提供通信、IT 等软硬件基础设施租用服务，降低企业在该领域的投入成本；有效地整合线下资源，形成一站式行政事项／项目申请代办的线上模式，规范服务内容和质量，为企业提供精准服务内容；通过平台聚合，引入资本服务商，拓展和规范企业的投融资渠道，降低企业投融资成本；同时帮助企业推广宣传，丰富企业的新媒体营销手段。

积极与当地高校、科研院所等机构开展校企合作，建设高校学生实习基地，为园区企业建立人才库，有助于降低企业的招聘成本。

根据园区内企业的融资状况，为企业提供金融相关的培训或讲座，针对不同企业生长的周期和规律，提供融资帮助，如组织企业与银行、信托等金融机构对接，搭建融资平台等，解决企业的融资问题。

提供政策支持服务，定期为园区内企业开展优惠政策宣讲和申报服务。

3．人才服务运营

人才服务为园区人才打造宜居宜业的舒适、便利环境，主要包括"易"食住行各个方面，实现公共配套、社区活动、医疗教育等生活服务，提供消费、娱乐、文化、体育、卫生等综合服务，为园区居民构建亲民、便民的智慧化生活环境。

根据园区业态特性，给园区用户提供完善的配套服务。包含车辆服务、地图导航、电子食堂、电子商超、线上订餐等一系列生活服务，打造完善的园区生活服务生态，为园区用户提供更便利、快捷、舒适的日常配套，实现对园区人员吃、住、行、娱等方面的生活服务、会员管理应用。通过提供线上满意度调查和用户意见留言板，打通用户意见反馈渠道，密切关注园区用户体验，从而收集用户真实需求，作为改进园区运营质量的依据。

4. 绿色运营

智慧园区是发展集约集群经济的重要载体。顺应节能减排的发展大势，融入低碳管理理念，提升环境治理能力，实现绿色发展是智慧园区的应有之义。绿色运营既是园区自身降低成本的需求，也是园区的社会责任和使命，智慧运营为绿色运营赋能。园区常见的绿色运营包括资源利用、垃圾监测与分类、空间资源利用、低碳出行、雨水回收、光伏照明、能耗管理、公共能耗监测、客户能耗管家、绿色环境、环境监测、生态循环、废旧利用、智慧绿化等。

5. 社群运营

园区社群链接园区各类用户，提升园区活跃度，同时也可实现资源对接。常见的社群运营包括党群服务、党群服务中心、活动阵地建设、商圈运营、商业数据分析、会员积分体系、精准招商、读书圈、运动圈、企业家联盟等。

例如对从事众创空间、孵化器这类园区来讲，创业氛围显得尤其重要。无论是在园区的咖啡厅，还是在一间间办公室，人们都在讨论着项目、投资和未来。园区构建了一个完整的创业扶持系统，能够为创业提供各类支持服务，能够让人对创业充满激情。与其说创业型公司到一个园区来落户是被该园区优惠的租金价格所吸引，不如说是被这里的创业氛围吸引，被园区所构建的创业服务生态体系、创业的支持系统所吸引。

6. 平安运营

园区的平安运营是园区发展的基础保障。智慧运营在平台运营方面主要体现在智慧警务、智慧治安、智慧消防、设备安全、信息安全、交通安全等领域。

对一些产业园区还需要构建基于安监环保的重大污染源、风险源、环境质量、重大作业的监控预报警体系。将污水、有毒有害气体、危废等各类危险源进行实时监测纳入集中管控，对隐患的排查、审核、整改、验收、复查进行闭环管理，打造"平战结合"的应急指挥体系。通过 GIS、BIM 建模、物联网等技术，实现平时能够应急演练、应急值守、应急培训；出现突发事件时可以在线查阅应急预案、线上调度应急资源，运用三维模型实时泄漏分析该突发事件的影响范围，确保将突发事件的损失降到最低。

第 **4** 章

智慧建筑及园区配套设施

按照现行国家标准《智能建筑设计标准》GB 50314 中智能化系统配置选项的规定，根据智慧园区建筑"生态＋科技"的内涵，突出"产业协同、人才协同、生活协同、生态协同"，努力建设人文、智慧、健康、科技融为一体的办公生活服务科研创新高地。

智能化集成系统包括智能化信息集成平台和智能化集成信息应用系统。为实现智慧建筑的运营、运维及管理目标，构建统一的智能化信息集成平台，对智能化子系统以多种类智能化信息集成方式，形成具有接口规范、信息汇聚、资源共享、协同运行、优化管理等综合应用功能的系统，并为智能化集成系统提供数据接口，供企业 ERP 或 OA 系统获取建筑运营的相关数据。

根据信息设施系统、信息化应用系统、公共安全系统、建筑设备管理系统、机房工程、智慧园区配套设施六大功能模块组成的设置原则，智慧园区建筑技术框架如图4-1所示。

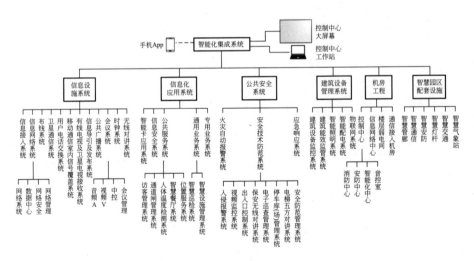

图 4-1 智慧园区建筑技术框架图

4.1 信息设施系统

信息设施系统是为满足建筑物的应用与管理对信息通信的需求，将各类具有接收、交换、传输、处理、存储和显示等功能的信息系统整合，形成建筑物公共通信服务综合基础条件的系统。

信息设施系统由信息接入系统、信息网络系统、布线系统、卫星通信系统、用户电话交换系统、移动通信室内信号覆盖系统、有线电视及卫星电视接收系统、信息导引及发布系统、公共广播系统、会议系统、时钟系统、无线对讲系统组成。

4.1.1 信息接入系统

信息接入系统用于构建电话、互联网、专网、卫星通信以及手机信号接入的基础条件，包括通信接入机房，外部通信接入管、井和设备安装基座等基础设施建设。

4.1.2 信息网络系统

信息网络系统利用通信设备和线路将地理位置不同、功能独立的多个计算机之间互联起来，以功能完善的网络软件实现网络中资源共享和信息传递。通过计算机的互联，实现计算机之间的通信，从而实现计算机系统之间的信息、软件和设备资源的共享以及协同工作等功能，其本质特征在于提供计算机之间的各类资源的高度共享，使信息交流和思想交换更为便捷。

4.1.3 布线系统

布线系统是由能够支持电子信息设备相连的各种缆线、跳线、接插软线和连接器件组成，满足建筑物内语音、数据、图像和多媒体等信息传输的物理介质。

4.1.4　卫星通信系统

卫星通信系统以某一颗同步卫星作为空中中继站，将用户端地面站发上来的电磁波放大后再返送回另一用户端地面站，实现用户端之间的通信。

4.1.5　用户电话交换系统

用户电话交换系统是使同属一个电话网用户群中任意两个或多个用户话机之间建立通信路径，并可通过出、入中继线同外部电话网接续而暂时连接的设备集合。

4.1.6　移动通信室内信号覆盖系统

移动通信室内信号覆盖系统采用无线通信方式，克服建筑结构和环境对无线信号造成的阻挡和屏蔽，可实现对室内信号盲区的改善，同时也可对室内移动通信话音质量、网络质量、系统容量进行改善。

4.1.7　有线电视及卫星电视接收系统

有线电视及卫星电视接收系统用于接收外来的市政有线电视台的有线电视信号或卫星电视信号，并能混合自办电视节目，通过电视信号传输网络提供给终端用户，以便用户能够实时收看各种电视节目。

4.1.8　信息导引及发布系统

通过网络将中央控制系统与终端播放设备连接，对需播放的内容进行编辑处理，然后发送给系统内各个终端播放设备，从而实现大范围多个视频播放终端的同时播放，还能对播放内容进行分类、统一实时更新。

4.1.9　公共广播系统

为了完善现代化的管理，并为建筑增添几分温馨和舒适，同时也为建筑内信息的发布提供便捷的途径，可建立一套完善的广播系统，其具备背景音乐广播、公共广播、消防紧急广播三项功能，同时具备插播业务性广播的功能，可根据需要插入业务广播、会议广播和通知，发生火灾时自动切换为紧急广播。

4.1.10　会议系统

会议系统是通过传输线路及多媒体设备，将声音、影像及文件资料在群体中实现就地即时共享的电子设备。

视频会议系统是用于两个或两个以上不同地方的个人或群体，通过传输线路及多媒体设备，将声音、影像及文件资料互传，实现即时且互动的沟通，以实现远程会议的电子设备。

4.1.11　时钟系统

用于统一建筑公共环境和信息化系统设备时间的电子系统。

4.1.12　无线对讲系统

无线对讲系统是采用无线通信方式，为相关人员提供应急通信的电子系统。

4.2　信息化应用系统

满足建筑物规范化运行和管理的信息化需要，提供建筑业务运营及管理的信息化支撑和保障，由多种类信息设施、操作程序和相关应用等组合而成的系统。

信息化应用系统包括智能卡应用系统、信息安全系统、公共服务系统、通用业务系统、专用业务系统等。

4.2.1　智能卡应用系统

设置智能卡应用系统，实现持卡人员通行、车辆通行、消费、考勤等功能，智能卡集成持卡识别、生物识别、车牌识别等各种身份识别功能，完成人员"身份识别"和车辆"车牌识别"，在建筑管理范围内使用一张智能卡就可实现身份证明、出入控制、停车、消费等日常管理，为客户提供便捷服务的体验。

4.2.2　信息安全系统

信息安全系统（体系）是组织在整体或特定范围内建立信息安全方针和目标，以及完成这些目标所用方法的体系。它是直接管理活动的结果，表示为方针、原则、目标、方法、过程、核查表等要素的集合，是对信息的保密性、真实性、完整性，未授权拷贝和所寄生系统的安全性进行管理的系统。

4.2.3　公共服务系统

1．访客管理系统

来访者通过物理识别、生物识别和身份证识别相结合的方式完成身份识别和确权。通过设置在入口的通道闸实现身份鉴权，管理出入建筑的访客。访客可以通过预约的方式进行自助登记、通道闸鉴权进入。

2．通道闸管理系统

对于将机械、电子、微处理器控制及各种身份识别技术有机地融为一体的人员通道进行智能管理的高科技产品。使用快速通道门确保在通道的两个方向对行人实现高速、高效和安全的劝阻级、防尾随控制。

3．人体温度检测系统

通过热像仪（非接触式方式）初步对人体表面温度进行实时检测，找出温度异常个体的电子系统。

4．智慧餐厅系统

能够实现快速结算、明厨亮灶和餐具自助回收等服务功能的电子系统。

5. 位置服务系统（人员定位系统）

位置服务又称定位服务，是指在电子地图平台的支持下，通过无线定位技术感知人员实时位置信息，确定移动用户的实际地理位置（经纬度坐标），从而提供用户所需要的与位置相关的服务信息。

4.2.4　通用业务系统

1. 智慧巡检系统

智慧巡检系统通过服务机器人与其他智能化子系统协同，完成由人工发布或设定的巡检任务。通过对机器人动作进行简单的编程，使其能够执行特定的受限任务，包括安防巡检机器人、设备巡检机器人、测温机器人以及室内消毒机器人等。

2. 智慧设施管理系统

智慧设施管理系统承载园区的物业运营及管理、资产管理及设备管理及维护，以保证业务空间高品质的生活和提高投资效益为目的，以最新的技术对人类有效的生活环境进行规划、整合和维护管理。将人、空间与流程相结合，对人类工作和生活环境进行有效的规划和控制，保证高品质的活动空间和高效的投资回报。

4.2.5　专用业务系统

应以建筑通用业务系统为基础，适应专用业务运行的目标需求，向业务组织、业务管理等业务活动提供业务信息化流程所需的基础条件，对业务环境支撑设施的智能化监控及规范化运营管理提供技术保障。根据建筑类型细分设置的专用业务系统（包含且不限于）如表 4-1 所示。

建筑类型细分　　　　　　　　　　　　　　　　　　表 4-1

序号	建筑类型	专用业务系统
1	住宅建筑	智能家居系统、可视对讲系统

续表

序号	建筑类型	专用业务系统
2	办公建筑	访客管理系统、排队叫号系统、客流统计系统、位置服务系统、OA系统、通道闸（速通门）管理系统、电梯目的楼层控制系统等
3	旅馆建筑	客房控制系统、酒店管理系统等
4	文化建筑	售检票系统、客流统计系统、位置服务系统、参观导览系统、智能储物柜等
5	博物馆建筑	访客管理系统、客流统计系统、位置服务系统、参观导览系统、蓝牙智慧导航、智能储物柜等
6	观演建筑	售检票系统、客流统计系统、位置服务系统、舞台灯光及影音系统等
7	会展建筑	访客管理系统、客流统计系统、位置服务系统等
8	教育建筑	智慧校园、智慧教室、智慧餐厅、智慧图书馆、智慧体育场馆（比赛计时记分、观众席及场地扩声、智能储物柜）、智慧宿舍、智慧实验室、智慧校园服务大厅等
9	金融建筑	排队叫号系统等
10	交通建筑	售检票系统、智能储物柜等
11	医疗建筑	排队叫号、ICU重症探视、医护对讲、手术远程视频示教、数字化手术室、医患协同、远程生命体征监测、蓝牙智慧导航、智慧药房、智慧病房护理系统、智能压感地板等
12	体育建筑	智慧体育场馆（比赛计时记分、观众席及场地扩声、大屏幕显示系统、智能储物柜）等
13	商店建筑	客流统计系统、位置服务系统等
14	工业建筑	洁净车间、智慧实验室等

4.3 公共安全系统

为维护公共安全，运用现代科学技术，为应对危害社会安全的各类突发事件而构建的，具有综合技术防范或安全保障体系综合功能的系统。

公共安全系统包括火灾自动报警系统、安全技术防范系统和应急响应系统。其中安全技术防范系统包含入侵报警系统、视频监控系统、出入口控制系统、保安无线对讲系统、电子巡查管理系统、停车库（场）管理系统、电梯五方对讲系统、安全防范管理系统等子系统。

4.3.1　火灾自动报警系统

探测火灾早期特征、发出火灾报警信号，为人员疏散、防止火灾蔓延和启动自动灭火设备提供控制与指示的消防系统。

4.3.2　安全技术防范系统

以安全为目的，综合运用实体防护、电子防护（技防）等技术构成的防范系统。

安全技术防范系统以电子防护等技术做好准备和保护，以应付攻击或者避免受害，从而使被保护对象处于没有危险、不受侵害、不出现事故的安全状态。

1．入侵报警系统

利用传感器技术和电子信息技术探测非法进入或试图非法进入设防区域的行为，以及由用户主动触发紧急报警装置发出报警信息、处理报警信息的电子系统。

2．视频监控系统

利用视频技术探测、监视监控区域并实时显示、记录现场视频图像的电子系统。

3．出入口控制系统

利用自定义符和（或）生物特征等模式识别技术对出入口目标进行识别，并控制出入口执行机构启闭的电子系统。

4．保安无线对讲系统

采用无线对讲方式为相关人员提供应急通信的电子系统。

5．电子巡查管理系统

对巡查人员的巡查路线、方式及过程进行管理和控制的电子系统。

6．停车库（场）管理系统

对停车区域车辆出入、场内车流引导、收取停车费进行管理的电子系统。

7．电梯五方对讲系统

实现安全管理中心、电梯轿厢、电梯机房、电梯顶部、电梯井道底部五方之间进行通话的电子系统。

8．安全防范管理系统

对安全防范系统的各子系统及相关信息系统进行集成，实现实体防护系统、电子防护系统和人力防范资源的有机联动、信息的集中处理与共享应用、风险事件的综合研判、事件处置的指挥调度、系统和设备的统一管理与运行维护等功能的软硬件组合。

4.3.3 应急响应系统

为应对各类突发公共安全事件，提高应急响应速度和决策指挥能力，有效预防、控制和消除突发公共安全事件的危害，具有应急技术体系和响应处置功能的应急响应保障机制或履行协调指挥职能的系统。

4.4 建筑设备管理系统

建筑设备管理系统是对建筑设备监控系统等实施综合管理的系统。

4.4.1 建筑设备监控系统

将建筑设备采用传感器、执行器、控制器、人机界面、数据库、通信网络、管线及辅助设施等连接起来，并配有软件进行监视和控制的综合系统。

4.4.2 建筑能效监管系统

1．能耗计量

将建筑能耗采用传感器、人机界面、数据库、通信网络、管线及辅助设施等连接起来，并配有软件对能源利用效率、能源使用和消耗状况进行持续监控。

2．联网温控器

风机盘管联网温控器的系统，实现采用普通温控器控制温度的开关，可以自由调节室内温度，并能按用户要求设定各种时间段的开关，可在各种预设好的模式下自动运行调节室温。

4.4.3　智能照明系统

利用传感器及控制器对照明设备的智能化控制，实现灯光亮度调节、灯光软启动和场景控制的电子系统。

1．公共区域照明

根据建筑内不同场合及环境自然光照度，进行时间段、工作模式的细分，实现现场照明的开关以及调光控制，自动调节室内照度。

2．建筑物泛光照明及景观照明

建筑物泛光照明是一种使特定照明区域或特定视觉目标的亮度远高于其他目标和周边区域的照明方式。

景观照明是具有艺术以及美观环境作用，而且还具有照明功能的户外照明工程。

3．停车场物联网 LED 照明系统

该系统以传感器探测人车位置，自动调节特定距离范围内的灯光至全亮度，当人车前行一定时间后，自动调节灯光亮度逐渐减弱，维持场内最低照度运行。

4.4.4　智能配电系统

利用计算机、计量保护装置和通信网络技术，对高、中、低压配电系统的实时数据、开关状态及远程控制进行集中管理的电子系统。

4.4.5　物联网系统

将无处不在的末端设备和设施，包括具有"内在智能"的设备如传感器、

移动终端、工业系统、楼控系统、家庭智能设施、安全系统设备等，以及具有"外在使能"的物品如贴上 RFID 的各种资产、携带无线终端的个人或车辆等"智能化物件或动物"，通过各种无线网络、长距离有线网络、短距离通信网络实现互联互通和应用大集成的系统。

4.5 机房工程

机房工程是为机房内各智能化系统设备及装置提供安置和运行条件，确保智能化系统安全、可靠、高效运行和便于维护的建筑功能环境而实施的综合工程。

智能化机房是实现园区通信畅通、安全有序、环境舒适、绿色节能等目标的核心基础设施，机房工程建设要求保证机房内设备长期、安全、有效地运转。机房环境除必须满足各种设备对温度、湿度和空气洁净度、供电质量、接地、电磁场和振动、静电等的技术要求外，还必须满足在机房中的工作人员对照度、空气新鲜度和气流速度、噪声、消防、防御自然灾害（雷电、水害、虫害）和安保等的要求。

智能化机房包括但不限于控制中心（消防中心、安防中心、智能化中心、音控室）、信息网络中心、楼层弱电间、通信接入机房等。

机房工程由装饰工程、电气工程（配电、照明、UPS、防雷接地）、精密空调、机房环境监控系统、机房布线及网络系统、安保监控系统等子系统组成。

4.6 智慧园区配套设施

4.6.1 综述

　　智慧园区配套设施指承载园区服务与管理功能的物理空间（设备机房、管理中心）、建筑本体外的基础设施（管、沟、桥架）等。物理空间中，服务于园区的设备机房包括通信接入机房和数据中心机房，管理中心包括消防、安防管理中心，园区智能化管理中心。应根据园区建筑布局、服务要求及覆盖范围设置物理空间。

4.6.2 智慧管廊

　　综合管廊（也称为共同沟、综合管沟）是指在园区地下建造一个公用的隧道空间，把多种公用管线集中铺设在一起（涉及电力、通信、给水排水、燃气、供热等诸多领域）的系统工程。智慧管廊是采用智慧感知和监控管廊实时运行的方式，深度协同管廊设施及入廊管线的精细化管理、智能分析、辅助决策和应急处置，实现综合管廊全生命周期的智慧化管理，实现管廊的安全稳定运行。智慧感知和监控包括环境质量监测、照明监测、风机监测、排水监测、供电监测（配电监控）、火灾自动报警以及安全技术防范等。

4.6.3 智慧通信

　　智慧通信是构建园区泛在的通信体系，实现信号覆盖和系统互联，包括以下通信类型：

　　短距离有线通信——现场总线（RS-485）；

　　长距离有线通信——高速宽带骨干网（TCP/IP）；

　　短距离无线通信——无线局域网（WiFi）；

　　长距离无线通信——移动通信（4G、5G）；

低功耗无线通信——物联网（NB-IoT、LoRa）。

4.6.4　智慧安防

智慧安防是将周界报警、视频监控、门禁等组成一个立体的、智慧化的周界及园区内安全防护系统，可实现威慑、阻挡、报警三种功能，可采用多种技术复合手段提供组合式的周界及园区安防系统。

4.6.5　智慧灯杆

智慧灯杆承载道路照明功能，同时集成网络通信、环境监测、紧急呼叫、视频监控、道路监控、电动车充电、广播信息发布为一体，共享多元数据，实现数据互联互通。

4.6.6　智慧交通

智慧交通承载园区车辆交通组织、安全通行及位置导引功能。

4.6.7　智慧气象站

智慧气象站承载园区环境监测功能，监测参数包括室外空气质量、天气状况、土壤墒情等。

第 **5** 章

园区的数字孪生

5.1　数字孪生

《中华人民共和国国民经济和社会发展第十四个五年规划和 2035 年远景目标纲要》第五篇"加快数字化发展　建设数字中国"提出，"迎接数字时代，激活数据要素潜能，推进网络强国建设，加快建设数字经济、数字社会、数字政府，以数字化转型整体驱动生产方式、生活方式和治理方式变革。"章节中更是提出"探索建设数字孪生城市"的要求。由此可见，数字孪生技术在城市建设中被赋予更多的实际应用价值。

5.1.1　数字孪生的概念

数字孪生（Digital Twin）是充分利用物理模型、传感器更新、运行历史数据，集成多学科、多物理量、多尺度、多概率的仿真过程，在虚拟空间中完成映射，从而反映相对应的实体装备的全生命周期过程。

数字孪生城市（Digital Twin City）是在网络数字空间，再造一个与现实物理城市匹配对应的数字城市，通过构建物理城市与数字城市一一对应、协同交互、智能操控的复杂系统，使其与物理城市平行运转，实现城市全要素数字化和虚拟化、全状态实时化和可视化、城市运行管理协同化和智能化。通过模拟、监控、诊断、预测和控制，解决城市规划、设计、建设、管理、服务的复杂性和不确定性。

数字孪生建筑（Digital Twin Building）是数字孪生在建筑领域的数字化表现，在虚拟空间中完成映射，以反映相对应的实体建筑的全生命周期过程。"数字孪生建筑"将会成为"数字孪生城市"的中控载体。通过中控中心，可掌控"数字孪生城市"一切过程应用的数字动态，实时对城市运行过程中各项数字信息进行动态维护、预警和解决问题。

5.1.2　数字孪生在园区中的应用

数字孪生为园区提供了数字底板，构建符合设计预期精度和颗粒度的三维空间模型系统，提供建筑外部影响区域内、建筑自身范围内的需表达的对象、对象之间的空间关系的数据，包括城市 GIS、建筑 BIM、智能终端设备模型、设备运行数据、人车的活动数据以及其他运营数据等，为园区提供物理世界和虚拟世界的映射机制。

5.2　BIM（建筑信息模型）

5.2.1　BIM 的概念

BIM（Building Information Modeling）即建筑信息模型，在建设工程及设施全生命周期内，对其物理和功能特性进行数字化表达，并依此设计、施工、运营的过程和结果的总称。

BIM 技术具有可视化、协调性、模拟性、优化性、可出图性等特点，是应用于工程设计、建造、管理的数据化工具，通过对建筑的数据化、信息化模型整合，在项目策划、运行和维护的全生命周期过程中进行共享和传递，使工程技术人员对各种建筑信息作出正确理解和高效应对，为设计团队以及包括建设、运营单位在内的各方主体单位提供协同工作的基础，在提高生产效率、节约成本和缩短工期方面发挥重要作用。

5.2.2　BIM 在园区中的应用

在智慧园区综合运营管理平台中，BIM 可视化运维系统可对整个园区的商业、办公、住宅、酒店、学校等智能化系统各种设备的位置、状态、数据以及当有报警信息时各系统的联动配合情况进行展示。最终信息将在指挥中心的大屏幕上呈现，其中智能化系统包括视频监控、能耗监测、人脸识别、访客流量、电梯、照明等子系统。

BIM 三维场景脚本采用宏观与微观相结合，由面及点的方式展示智慧园区的物联系统全貌。其中面代表物联系统的总览信息，使管理人员可以第一时间掌握情况，监控全局。点代表安防、能耗、园区设备设施、照明、人员、热力分布等多个子系统，每个子系统既相对独立，又互有关联，组成相对完整的物联生态圈，并可将智慧园区综合运营管理延展到尽可能多的细微处。同时基于细致的内部楼层模型，该系统可以深入到每个楼层，显示相应的物联设备信息。

5.3 CIM（城市信息模型）

5.3.1 CIM 的概念

2021 年 6 月，住房和城乡建设部发布的《城市信息模型（CIM）基础平台技术导则》中对 CIM 进行了定义，明确为，以建筑信息模型（BIM）、地理信息系统（GIS）、物联网（IoT）等技术为基础，整合城市地上地下、室内室外、历史现状未来多维多尺度空间数据和物联感知数据，构建起三维数字空间的城市信息有机综合体。GIS 提供城市大尺度空间内的地形地貌、构造布局信息的管理与应用能力，BIM 提供城市微观尺度下的部件与构件信息的构造与管理能力。通过 BIM+GIS，整合城市地上地下、室内室外的空间数据体系，实现宏观微观一体化的管理、展现与分析应用，结合 IoT 技术对城市信息的多维度实时采集，实现历史现状未来多维度多尺度信息模型数据和城市感知数据的融合，最终构建起三维数字空间的城市信息有机综合体，并依此推动城市规划、建造、管理的新模式。

5.3.2 BIM 与 CIM 的关系

基于 GIS 进行信息索引及组织的城市 BIM 信息，可直观反映出城市的功能划分、产业布局以及空间位置，而 CIM 则将视野由单体建筑拉高到区域甚至是城市，所涵盖的信息渗透至组织、城市基础设施以及各系统之间的生产生活等活动动态信息，可为大规模建筑群提供基于网络的 BIM 数据管理能力，因此，CIM 与 BIM 的关系是宏观与微观、整体与局部的关系。

5.3.3 CIM 的实现路径

分析智慧园区管理需求，建设园区 CIM 数字底座，实现地上场景、地下内部单元场景的真实三维表达；建筑、水、暖、强电、智能化等系统的部件三维模型表达及对象标识；数字模型与建筑运行数据的对接；建筑健康环境、能源、人的活动的运行态势的基本仿真和预测推演。

智慧园区建设中，多种应用以 CIM 平台为底座，整合与搭建上层业务系统，业务系统对空间信息的展示、浏览、分析、应用的需求由 CIM 平台统一提供，将园区的人、财、物以及跨部门、跨层级、跨系统的业务组成一个有机整体，打造闭环的业务一体化整合应用，促进园区业务全融合。为园区管理者提供全空间、全感知、全服务的智慧化管理服务，降低运营成本、提高运维效率。

（1）规划设计阶段，将总体规划、市政、交通、环保、产业等各项数据全部汇聚到 CIM 平台上，实现空间信息共享和规划设计分析，例如日照分析、遮挡分析，结合地形地势、周边环境、区域内建筑等进行综合分析

图 5-1　辅助规划设计表达

与可视化展现，实现仿真分析，辅助决策（图 5-1）。

（2）建造阶段，将项目安全、人员、进度、质量、成本等各项数据全部汇聚到 CIM 平台上，实现对工程项目的全方位掌控。例如针对进度管控，可将计划进度、实际进度均对接到 CIM 模型构件上，通过构件颜色变化来区分提前、正常和超期等不同状态，直观地了解项目进展；还可结合人员、事件等综合信息，分析项目进度滞后的原因，科学辅助决策（图 5-2）。

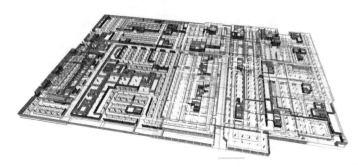

图 5-2　CIM 的过程化可视化表达

（3）运营阶段，将园区招商、产业、人员、安防、能耗等各项数据全部汇聚到 CIM 平台上，实现园区状态可视、业务可管、事件可控，助力园区精准服务与高效运营。园区作为城市的重要组成单元，需要为城市管理者提供数据接口，其中包括基于位置服务信息（LBS），更是城市应急、资源调配、网格化管理的重要数据。通过多维度 GIS 坐标系算法，准确提供运维人员和物品的全视角实时 GIS 坐标位置和行程轨迹信息，为园区的应急指挥、疏散、路径查询和引导提供数据基础。

5.3.4　CIM 在园区中的应用

一个结构复杂的园区实时都处于变化之中，很多因素影响着园区的运行。为了透彻感知园区内建筑、地下空间设施、地上基础设施、植被、水体、各类设备等物理实体对象的运行状况以及各类人员的生产、生活活动，分析各种状况和活动间的耦合关系，深度挖掘园区运行规律，实现运行状态的及时感知、风险及问题的早期预测预警和高效处置应对，需要建立一个具有大量决策支撑信息的多维数据库来支持上述高复杂度的分析。这些数据库能够帮助简化管理机制并模拟决策，但需要以对各种离散信息的评估和高效组织为基础，需要一种技术理论来实现这一信息的评估和高效组织，这也是深入研究 CIM 建模理论的目的之所在。

1．实现对园区运行状态的全面掌控

园区的各项运行管理和保障服务是以对园区运行状态的全面掌控为基础的，而对园区运行状态的掌控需要通过信息资源的全面汇聚、整合、分析、共享和各项业务的联动实现，扩展园区各专项业务管理的集成范围和深度，突破时间和空间限制，使管理触角延伸到每一寸空间每一个设备每一项能耗，实现对园区运行的全方位、动态监管。

2．为机构间信息联动和业务协同提供支撑

集成各楼宇弱电智能化系统和公共区域的各专项智慧应用，实现信息资源的充分汇聚和共享，改变以往网状的信息交换和业务协同模式，实现园区总区域级的协调总控和统筹综合管理，为各专项业务管理机构间的信息联动和有序、高效的业务协同提供支撑（图 5-3 ）。

图 5-3　多资产数字协同

3．提升园区运行保障核心业务的运行效率

在安防、设施管理、能源管理、生态环境监测等业务领域，提升对管

理对象和问题的智能感知和自动识别能力，综合协调和调度行政园区各类运行保障力量，实现园区管理效率的提升（图5-4）。

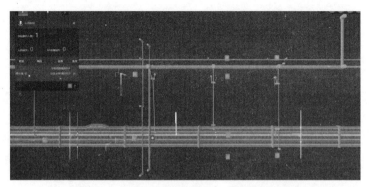

图5-4　在BIM模型内的地下人员定位示意图

4．实现投资效益最大化

通过物联感知终端、信息资源、业务应用、保障力量的全面统筹集约建设，实现投资效益的最大化。在感知终端部署方面，实现感知终端的统建共享，避免重复部署；在信息资源建设方面，实现各类数据的分建共享，避免重复采集加工；在运行管理业务方面，各专项业务协同联动，条块结合；在运行管理保障力量方面，根据业务需求统筹部署和动态协调调度（图5-5）。

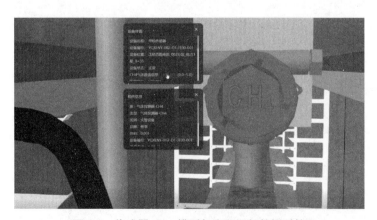

图5-5　传感器BIM模型与实际运行数据对接

第 **6** 章

园区的绿色低碳

6.1 园区绿色低碳分析

6.1.1 背景及意义

2020年9月22日，习近平主席在第七十五届联合国大会一般性辩论上发表重要讲话，提出二氧化碳排放力争于2030年前达到峰值，努力争取2060年前实现碳中和。同年12月，中央经济工作会议将"做好碳达峰、碳中和工作"列为2021年八项重点任务之一。

为落实国家自主贡献和全球温升控制的双重目标，一方面，园区面临迅速推进能源低碳化转型和工业绿色发展的双重压力；另一方面，园区具有企业集聚性、规模性优势和创新转型动力，产业共生效益的潜力显著，基础设施集约化程度高，行政管理体系相对独立高效，低碳经济势必为园区高质量发展注入新的活力，成为全国乃至全球低碳发展的领头羊和示范区。园区是我国建设绿色制造体系，实施制造业强国战略最重要、最广泛的载体，承担了密集的生产活动，也将成为落实我国自主贡献目标和实现精准减排的关键落脚点。园区绿色发展是碳达峰、碳中和目标的内在要求和重要途径。

6.1.2 园区碳排放分析

据统计，2018年我国碳排放总量约为100亿t，建筑领域碳排放约39亿t，其中运行碳排放21亿t，隐含碳排放18亿t（建材、施工、修缮和拆除）。

对园区温室气体排放的核算，要坚持系统观，从生命周期视角，既要看直接排放（园区边界内燃料燃烧产生的排放），也要重视间接排放（园区所用燃料的上游生产运输过程排放和外购二次能源的生产运输过程排放）。园区全生命周期各阶段碳排放比例见表6-1。

园区全生命周期各阶段碳排放比例　　　　　　　表 6-1

全生命周期各阶段	建材生产	建材运输	施工建造	建筑运营	建筑维修	建筑拆除
碳排放比例（%）	33.27	3.94	10.09	46.40	1.13	5.17

6.1.3 绿色低碳园区建设困境和难点

1．资源消耗大

"大量建设、大量消耗、大量排放"的建设方式，破坏生态环境，消耗了大量资源和能源，导致了资源供给难以为继。

2．污染排放高

工程建设主要以粗放建造方式为主，在工程建造过程中产生大量的污染排放问题，已经成为生态文明建设的顽疾。

3．建造方式粗放

现阶段建造活动生产效率低、对劳动力依赖度高、成本不可控，产业链缺乏有效整合，集约化程度低，对环境和资源造成较大的破坏和浪费。

4．组织方式落后

人为肢解工程，将建筑工程条块分割及碎片化管理，割裂了设计与施工之间的联系，造成施工过程中大量设计变更、项目周期延长、管理成本增加、投资超额等问题，整体效率效益低。

6.2 绿色建造实施路径

6.2.1 集约化组织方式

集约化组织方式是实现智慧园区绿色低碳的重要途径，组织方式集约化即通过统一配置人力、物力和财力，有效整合各方要素对建设项目全过程或全生命周期进行系统兼顾，整体优化，从而达到节约资源、保护环境的生态目标，同时，降低成本、提高效率，实现整体效益最大化。

集约化组织主要有效方式包括：工程总承包、全过程工程咨询、建筑师负责制及政府工程集中建设等。

6.2.2 绿色建造

1. 设计阶段

（1）绿色策划

绿色策划是实现智慧园区绿色低碳的重要环节，关系到园区建设项目的成败，科学处理好生态、人文、建设之间的关系是绿色策划的重点。绿色策划是实现智慧园区绿色低碳的顶层设计，以节约资源、保护环境为根本要求，明确园区碳排放目标及实施路径，形成园区建设执行纲领。

（2）绿色设计

绿色设计从园区建设到拆除的全生命周期考虑，统筹设计、生产加工、材料选用、施工建造、运营维护各阶段，引导各个专业和环节之间的协同，最大限度地减少园区对不可再生资源的消耗和对生态环境的污染，实现包括建造过程和结果的绿色低碳。同时充分利用 BIM 等技术实现高效协同和配合的一体化设计，提升设计质量和效率，减少资源浪费。

（3）数字化设计

构建数字化设计基础平台和集成系统，实现设计、工艺、制造协同；推进数字化设计体系建设，形成新型设计组织方式、流程和管理模式；统筹建筑结构、机电设备、部品部件、装配施工、装饰装修，推行一体化集成设计；推广通用化、模数化、标准化设计方式，实现设计、工艺、制造协同。

（4）城市信息模型（CIM）

在绿色策划与规划过程中，要不断深化建筑信息模型（BIM）的应用广度和深度，并逐渐向城市信息模型（CIM）技术的应用进行转变。利用CIM 提高土地利用效率，合理规划土地。

（5）绿色全光网

绿色全光网采用光纤代替网线，具备体积更小、空间更省等优势，减少了铜的开采及冶炼，降低其对自然资源和能源的消耗，从而降低了碳排放。

绿色全光网传输过程中采用无源设备，间接减少了弱电井内供电、空调等需求，从而达到降低碳排放的目的。

2．建造阶段

建造阶段减碳主要途径包括减少建材消耗量、发展低碳建材、采用低碳建筑结构、采用低碳建造方式等。

（1）提高资源节约水平

提高资源节约水平是减碳的重要途径，包括材料资源节约、能源节约、水资源节约、土地资源节约等。

（2）环境保护

建造阶段环境保护主要包括水环境的保护、土壤的保护、固体污染物无害化及噪声的防治。

（3）采用新型建造方式

新型建造方式主要包含绿色建造以及建造工业化。绿色建造是实现绿色低碳发展的最好实践，通过科学管理和技术创新，绿色建造采用与绿色发展相适应的新型建造方式。工业化是新型建造方式的核心，工业化建造方式现阶段以装配式建筑为主要表现形式，主要包括标准化设计、工厂化生产、装配式施工、一体化装修、信息化管理。

6.2.3 绿色低碳运营

1．绿色平台

园区绿色低碳平台是实现园区低碳运营的重要途径，能有效提高园区产业集聚能力、可持续发展能力、能源再生利用能力，提高能源使用效率。

平台应能实现园区碳排放监测、能耗监测、重点区域监测、能耗预警、重点负荷监测、能耗分析、能源规划、能源调度、能源储备、能源结构优化、微电网管理、远程抄表、计费管理等功能。

2．建筑电气化

建筑电气化是建筑碳中和的主要路径，能提升可再生电力使用率，实现电力脱碳。

3．光储直柔技术

包括光伏发电、高效储能、直流输电、柔性控制四个阶段，是平抑电网波动、实现"碳中和"的有效手段。通过光伏发电为园区建筑提供能源，多余电存储于蓄电池中，蓄电池连接充电桩，建筑内部直流配电，通过直流电压变化传递对负荷用电的需求，利用火力发电作为弹性负荷，实现柔性控制。"光储直柔"可应用于直流建筑、充电桩等运营场景，通过建设"光储充"充电桩与自营物业实现"光储直柔"新能源汽车充电体系。

4．区域能源

利用光伏、热泵、地热能等可再生能源，以多能互补和电、热、冷、气等综合供能方式为核心，通过终端能源互联互通，提高整体能源效率。

5．建筑拆除垃圾利用

拆除后的建筑废料如能得到回收利用，不仅可以省去堆放地点，避免污染环境，还可以重新作为建筑材料利用。建筑拆除垃圾利用包括粉煤灰回收利用、废弃玻璃回收利用、废弃橡胶回收利用、塑料废弃物回收利用和废弃混凝土回收利用等。

6.3 新能源应用

6.3.1 新能源的概述

新能源一般是指在新技术基础上加以开发利用的可再生能源，包括太阳能、生物质能、风能、地热能、氢能、氨能等。新能源的应用是我国实现"双碳"目标的重要途径之一。

6.3.2 园区新能源应用

1．园区建设阶段新能源应用

园区建设阶段作为一个重要阶段，对于能源消耗以及碳排放有一定的影响，建设阶段除了从建筑材料、施工工艺、施工方法等合理选用的角度去降低碳排放外，还应重点考虑从能源消耗的角度降低碳排放。

目前建设阶段的新能源应用主要体现在两个方面，一是太阳能、风能、空气能及地热能的应用，如采用离线光伏发电系统、风光混合型灯具、太阳能取暖、太阳能供热水、空气能热泵、地源热泵等；二是采用清洁能源的施工机具，如电动叉车、电动运输车等。

2．园区运营阶段新能源应用

园区运营阶段作为碳排放占比最大的阶段，合理地利用新能源，对实现园区绿色低碳起到重要的作用。园区运营阶段新能源主要应用方式有分布式微电网和脱碳电能。

6.4 基础设施节能

6.4.1 园区低碳评级及标准

智慧园区绿色低碳的评级可参考现行国家标准《绿色建筑评价标准》GB/T 50378，绿色建筑评价指标体系应由安全耐久、健康舒适、生活便利、资源节约、环境宜居 5 类指标组成，且每类指标均包括控制项和评分项。

该标准中对于绿色建筑评级的划分为基本级、一星级、二星级、三星级 4 个等级。

当满足全部控制项要求时，绿色建筑等级应为基本级。

一星级、二星级、三星级 3 个等级的绿色建筑均应满足该标准全部控制项的要求，且每类指标的评分项得分不应小于其评分项满分值的 30%。

一星级、二星级、三星级 3 个等级划分标准如表 6-2 所示。

绿色建筑评级的划分   表 6-2

	一星级	二星级	三星级
围护结构热工性能的提高比例，或建筑供暖空调负荷降低比例	围护结构提高 5%，或负荷降低 5%	围护结构提高 10%，或负荷降低 10%	围护结构提高 20%，或负荷降低 15%
严寒和寒冷地区住宅建筑外窗传热系数降低比例	5%	10%	20%
节水器具用水效率等级	3 级	2 级	
住宅建筑隔声性能	无	室外与卧室之间、分户墙（楼板）两侧卧室之间的空气声隔声性能以及卧室楼板的撞击声隔声性能达到低限标准限值和高要求标准限值的平均值	室外与卧室之间、分户墙（楼板）两侧卧室之间的空气声隔声性能以及卧室楼板的撞击声隔声性能达到高要求标准限值
室内主要空气污染物浓度降低比例	10%	20%	
外窗气密性能	符合国家现行相关节能设计标准的规定，且外窗洞口与外窗本体的结合部位应严密		

6.4.2   智慧园区绿色低碳的建设要求

智慧园区绿色低碳的建设应在园区的安全性、舒适性、便利性、节能性这 4 个方面满足现行国家标准《绿色建筑评价标准》GB/T 50378 中的相关要求。

6.4.3   相关标准与规范（表 6-3）

绿色建筑相关标准及规范   表 6-3

《近零能耗建筑技术标准》GB/T 51350	《室内空气质量标准》GB/T 18883
《建筑碳排放计算标准》GB/T 51366	《灯和灯系统的光生物安全性》GB/T 20145
《绿色建筑评价标准》GB/T 50378	《LED 室内照明应用技术要求》GB/T 31831
《民用建筑室内热湿环境评价标准》GB/T 50785	《室外照明干扰光限制规范》GB/T 35626
《玻璃幕墙光热性能》GB/T 18091	《建筑照明设计标准》GB 50034

续表

《民用建筑隔声设计规范》GB 50118	《生活饮用水卫生标准》GB 5749
《民用建筑热工设计规范》GB 50176	《城市夜景照明设计规范》JGJ/T 163
《公共建筑节能设计标准》GB 50189	《建筑地面工程防滑技术规程》JGJ/T 331
《民用建筑节水设计标准》GB 50555	《严寒和寒冷地区居住建筑节能设计标准》JGJ 26
《民用建筑供暖通风与空气调节设计规范》GB 50736	《夏热冬冷地区居住建筑节能设计标准》JGJ 134
《声环境质量标准》GB 3096	《夏热冬暖地区居住建筑节能设计标准》JGJ 75

第 **7** 章

展望

未来智慧园区是一个有爱、有智慧、可持续发展的园区生命体，具备场景应用、全时连接、自我生长、迭代进化、卓越运营等生态体系特点。未来智慧园区将在工作模式、生活方式、产业机遇和人文体验方面彻底改变园区的建设、生产和生活方式（图7-1）。

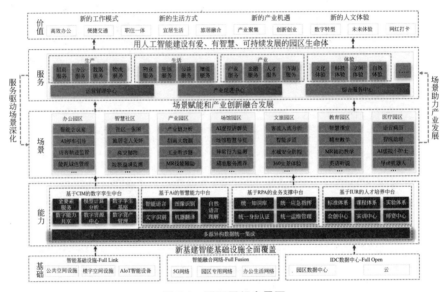

图 7-1　园区展望全景图

7.1　未来智慧园区建设重点依然是数字基建与电子政务

首先，未来智慧园区信息、数字基础设施建设主要沿着"宽带、融合、泛在、安全"的方向发展，不断夯实网络建设；其次，未来智慧园区建设中更注重公共领域管理与服务，紧紧围绕人民不断增长的对美好生活的新需求，持续建设面向个人用户的社会信息服务网络、惠及公众的电子政务平台和公共服务体系。

7.2　未来智慧园区管理将与城市化管理进一步融合

智慧园区透过核心和关联产业的聚集，达到产业规模效应、人才和知识聚集、生产力提升、供应链效率提升。未来城市的发展与管理将以智慧园区建设为牵引，拉动智慧城市建设，并将智慧园区的管理职能融入智慧城市的管理体系中，实现智慧园区管理与城市化管理的高度融合，打造"智慧化"未来城市管理体系。

7.3　未来智慧园区将是一个有机的生命体

未来智慧园区内人与人、人与物、物与物、业务与业务之间不再是孤立隔离的个体，各种元素形成一个彼此交互、作用和影响的整体，系统间的协同、信息的交互、业务的融合成为常态，并在交互和融合的过程中实现价值再造。未来智慧园区，将是一个有机的生命体，是一个可自发进化的体系。拥有人机事物融合获得的数据，通过 AI、云计算等数字化技术的赋能，从建成之日即是生命的开始，园区拥有思考、交流和学习能力，不断地自我进化。

7.4　未来智慧园区将大力发展绿色与智能建造模式

在未来智慧园区的建造中，政府将不断加强对资源节约水平的要求，做到材料节约、能源节约、水资源节约、土地资源节约等。通过数字设计、智能生产、智能施工、智能运维全过程的数字化建模、无人工厂生产、机器人施工、互联网＋工地等创新技术手段开展智慧园区的建造，为园区建造全过程"智慧"赋能。

　　未来智慧园区的建设将打造绿色产业链，从"资源－产品－再生资源"的循环产业链，对建筑物进行节约、回收、再利用，实现产品链的无限循环。以产业化促进绿色建造发展，把设计、采购、生产、施工和运营等上下游企业进行整合，融合互补，形成完整的智能与绿色建造产业链条。

7.5 未来智慧园区将发展应用数字孪生语义化技术

　　结构化语义建模等城市模型表达方式不断成熟，未来数字孪生智慧园区的三维信息模型进入了高精度、高效率、高真实感和低成本的全自动全要素结构化表达的阶段。语义化即对数据进行智能化加工处理，使其所包含的信息可以被计算机理解。利用语义化技术，形成量化并可索引的城市描述信息，同时利用 CIM 的可扩展性，接入人口、房屋、公司法人、安防设施、公安警务数据、住户水电燃气信息、交通信息、公共医疗等诸多城市公共系统的信息资源，实现跨系统应用集成、跨部门信息共享，避免重复建设和信息化孤岛。

7.6 未来智慧园区建设将着眼于绿色低碳技术

　　未来智慧园区建设在绿色低碳方面，采用园区规划、空间布局、产业链设计、能源利用、资源利用、基础设施、生态环境、运行管理等全方位、多角度贯彻资源节约和环境友好的理念，实现布局集聚化、结构绿色化、链接生态化等园区建构层面的创新突破，最终达到"碳中和"目标。未来"碳中和"园区建设不仅在系统性、整体性的解决方案之上，形成园区内部"小循环经济"与外部"大循环经济"的双循环，而且坚持推进以大数据、云计算、工业互联网、智能传感器等代表的新型基础设施和智慧能源管理系统的推广和普及。

7.7 未来智慧园区建设将推动城市更新进程

未来智慧园区的建设重点在于宜居、绿色、韧性、智慧和以人为本，实施城市更新行动，推进城市和园区的生态修复、功能完善，统筹城市和园区规划、建设、管理，合理确定城市规模、人口密度、空间结构，促进城市和园区的协调发展。坚持以人为本的发展思想，深入推进以人为核心的园区建设，立足城市高质量发展要求，坚持将以功能性改造为重点的城市更新作为未来智慧园区的建设思路。

7.8 未来智慧园区建设将加速生态产业链培育

未来智慧园区是新一代信息、智能、数字化技术和绿色智能建造技术的结合应用体。在此两个宏大的领域，都将产生众多"专、特、精、新"创新型中小企业，构建面向未来的生态产业链，是未来智慧园区建设的必然选择。

7.9 未来智慧园区将助力建筑产业互联网发展

2020 年，住房和城乡建设部等 13 部门联合印发的《关于推动智能建造与建筑工业化协同发展的指导意见》中明确提出：到 2025 年，我国智能建造与建筑工业化协同发展的政策体系和产业体系基本建立，建筑工业化、数字化、智能化水平显著提高，建筑产业互联网平台初步建立。

建筑产业互联网是新一代信息技术与建筑业深度融合形成的关键基础设施，是促进建筑业数字化、智能化升级的关键支撑，是打通建筑业上下游产业链、实现产业升级的重要依托，也是推动智能建造与建筑工业化协同发展的重中之重。未来智慧园区作为建筑产业互联网的重要组成部分，是前端建筑产品客户需求的重要表达之一，未来智慧园区的建造过程生产方式则是建筑产业互联网的另一核心组成。

中国建筑业协会绿色建造与智能建筑分会将全面积极推动建筑产业全过程的数字化转型，继续通过对绿色建造、智能建筑、智慧园区、智慧城市领域的行业资源组合和技术引领，大力促进行业企业通过多项目建设、运营，聚集海量数据，充分挖掘数字经济的巨大潜力，改善用户体验、提升管理效能、降低建设成本、缩短建设周期、反哺新项目，加载全产业链和全过程生态链要素，形成"产业数字化+数字产业化"的闭环。

第**8**章

案例

8.1 智慧社区

8.1.1 中建星光城

1. 项目概况

项目位于武汉市光谷中心城黄金轴线，总建筑面积约 56 万 m²，包含 24 栋高层住宅、2 所公立幼儿园、体育设施及商业。本项目由中建三局智能技术有限公司实施完成。

2. 系统架构

中建星光城智慧社区统一建设管控云平台，依托物业中台、IoT 中台、数据中台，构建社区数字化底座，融合大数据、GIS/BIM、5G 等技术，结合三维图形、生物识别等算法，搭建智慧通行、智慧安防、智慧设备、智慧物流、智慧健康、智慧教育等智慧化应用场景，提供智慧社区一体化服务方案，实现社区管理及治理的精细化及高效化（图 8-1）。

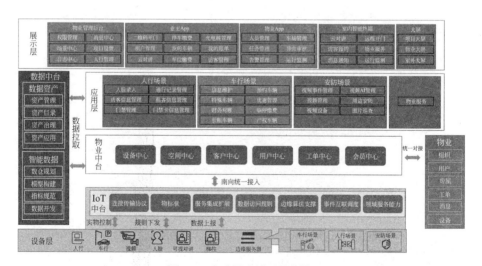

图 8-1　中建星光城系统架构

3．特色应用场景

智慧通行：智能开门方式多样，全程实现无感通行。与公安、综治平台对接，实时更新数据信息，保障通行安防要求，提高出行效率与体验。

智慧安防：视频上云，借助 AI 算法分析，识别人员并生成人员行动轨迹，帮助物业管理人员快速定位和解决问题，提升物业服务响应能力。

智慧设备：通过物联网、大数据等技术，实现社区各类设备的动态化监测、预警与管理。

智慧物流：引进智能物流机器人"小蛮驴"，实现"小蛮驴"与菜鸟驿站的联动，通过业主端 App 或家庭智慧终端可实现预约"小蛮驴"24h 快递派送，打通社区最后 100m 物流通道。

智慧健康：社区设置健康小屋，帮助业主足不出户，构建专属健康档案，实现血糖、血压、心律等数据的测量，与线上线下药房进行对接，实现处方流转、药品流通等，不出社区，实现在线问诊、预约送药上门，健康普惠共享，健康服务闭环。

智慧教育：将"四点半课堂"的授课体系与小区公益服务体系打通，引入小区中的优秀业主进行培训，打造"名师在身边"服务。结合在线监控系统，帮助家长通过远程调阅"四点半课堂"中孩子的学习情况。同时引入人脸识别闸机，当孩子进入和离开"四点半课堂"时，会发送信息告知家长。

4．社会 / 经济效益分析

社会效益：中建星光城以社区群众的幸福感为出发点，通过打造智慧社区为社区百姓提供便利，从而加快和谐社区建设，推动区域社会进步。通过把"文化娱乐、民生服务、社会主义核心价值观"送进社区，坚持把社会效益放在首位，实现社会效益和经济效益"两个统一"。

经济效益：中建星光城通过社区管理平台，相较于传统小区，物业管理人员大量减少且能更加高效、便捷地服务整个社区。通过对机电设备、照明等方面的智能控制，与传统模式相比，延长了设备的使用寿命，可节能 15% ~ 20%。

8.1.2 合肥市智慧社区

1. 项目概况

合肥市智慧社区项目，围绕"11143"总体架构，建设一体智能基础设施、1个社区融合平台、1套数据资源体系、"智管、效能、宜居、平安"4类应用场景和3大支撑体系，从而打造了4个示范样板社区、4个试点小区和50个平安小区，提升了人民群众的获得感、幸福感、安全感。项目由讯飞智元信息科技有限公司实施完成。

2. 系统架构

围绕合肥市基层社区治理和民生服务需求，充分借鉴国内外智慧社区先进经验做法，坚持统筹规划、统筹布局、集约部署，构建数据驱动、智慧先进、开放可拓展的"11143"智慧社区总体架构（图8-2）。

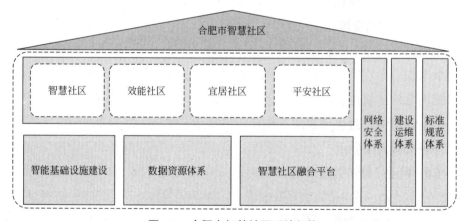

图 8-2　合肥市智慧社区系统架构

3. 应用场景

应用场景包括：

（1）智慧社区：居民办事助手、智能猫眼；

（2）效能社区：一号通行、一窗通办、智能外呼机器人；

（3）宜居社区：高空抛物、居民随手拍、社区邻里圈；

（4）平安社区：幼儿园周界、重点人员监管。

4．社会 / 经济效益分析

（1）以情动情，为精准服务加码

通过移动端社区微门户解决居民们生活当中的"操心事、烦心事、揪心事"。居民上报社区和小区问题，社区工作人员会第一时间收到上报的信息并及时处置。"社区邻里圈"为相同兴趣的社区居民提供交流、分享和组织活动的渠道，打造出活泼温情的社区"家"文化，营造出良好的邻里关系。居民只要一张身份证，就可以在小区内自助一体机办理各类服务事项，大大提升了居民的办事效率。针对高龄老人，利用智能门磁、智能猫眼以及社区内的视频监控，自动分析老人行为轨迹，预警长时间未出门或未回家的老人，做到及时守护老人安全，让子女更放心。

（2）融合社区业务，实现基层减负增效

以合肥市大数据中心现有数据为基础，围绕建设"社区专题库"的出发点，完善数据资源共享交换平台体系，按照用户、数据、业务"三个融合"的总体思路，融合社区在用 35 套信息系统，实现"一号通行""一窗通办"。解决了业务数据"孤岛式"存储、重复填报等问题，最终达到了基层减负增效的目的。利用智能外呼机器人，自动给居民拨打电话，为居民提供一对一电话服务，过去繁琐的业务提醒、通知、回访等工作，都可以通过智能外呼机器人来完成，减轻了网格员 60% 的工作量，通过人机协同改变了传统的社区工作模式。

（3）主动感知发现，提升社区治理精细化

1）通过视频图像分析技术，唤醒海量视频监控图像大数据，向数据要线索，扩展事件发现渠道，从感知发现、分析调度、协同处置、反馈核查、事件回访和结案归档全流程对事件进行自动化处置，提升社区治理精细化水平。例如，针对高空抛物现象，安装高空抛物监控摄像机，做到 $7 \times 24h$ 智能抓拍高空抛物肇事者、攀爬盗窃者等，及时高效预警，建立起一张头顶安全防护网。针对幼儿，设置"幼儿园周界防护"系统，人脸抓拍摄像头与公安内网联结，严防危险人员进入园区。

2）通过在小区出入口设置人脸抓拍、车辆抓拍等设备获取感知数据，与社区专题库进行数据碰撞比对分析，当社区抓拍到重点人员，比如全国在逃人员等，根据人脸比对的结果进行预警提醒，辅助提升公安机关的案件侦破率。自智慧社区的建设以来，抓捕犯罪人员 70 人，侦破案件 140 余起，可防性案件下降 80% 以上，2020 年 521 个小区实现零发案，平均破案率提升 70%。

8.2 产业园区

8.2.1 海南省三亚市崖州湾科技城智慧园区

1．项目概况

作为海南省 12 个先导性项目的重要组成部分，崖州湾科技城以"世界眼光、国际标准、三亚特色、高点定位"为架构，致力建设成为陆海统筹、开放创新、产业繁荣、文化自信、绿色节能的先导科技新城。科技城智慧园区项目秉承"规划引领、数智并举、创新探索、产业助力"的原则，以新型基础设施建设为支点，以发挥数字化价值为重心，以促进产业升级发展为目标，贯穿科技城规划、建设、管理、运营、服务全生命周期，全面提升园区服务能力和产业进化能力。用人工智能建设美好崖州，打造"有爱""有智慧""可持续发展"的科技城生命体。本项目由讯飞智元信息科技有限公司实施完成。

2．系统架构

结合科技城战略业务，秉承"规划引领、数智并举、创新探索、产业助力"的原则，以新型基础设施建设为支点，助力深耕南繁、深海科技城的科教产业发展，全面提升园区服务能力和承载能力。科技城智慧园区的建设，充分运用物联网、大数据、5G、云计算、人工智能等技术，围绕园区智能生产、智慧生活、智慧管理、智慧运营，打造园区运管新模式（图 8-3）。

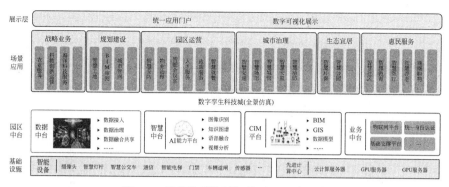

图 8-3　崖州湾科技城智慧园区系统架构

3．特色应用场景

以园区各类人员与组织的需求为导向，以智能化、科技化为基点，依托园区中台统一融合项目中的智慧中台能力（包括 AI 原子能力、视频分析专项能力平台等）构建中核园区的智慧化场景应用，同时针对本期构建的场景能力沉淀至智慧中台，并通过共享能力开放平台为其他园区建设提供场景能力支撑。智慧场景应用包括 AI+综合运营、AI+综合交通、AI+综合安防与 AI+综合治理。

（1）AI+综合运营：建设智慧考勤服务、多渠道智能客服、智能会议服务、企业信息大数据管理、智慧就餐服务、园区导览与中英互译助手等系统；建设 BIM 运行管控平台。

（2）AI+综合交通：建设智慧通勤服务。

（3）AI+综合安防：建设员工智能出入服务、AI 非授信闯入预警、AI 人员轨迹分析、AI 重点人员监管、AI 人群聚集检测与 AI 高空抛物检测等功能。

（4）AI+综合治理：建设报修服务、物业巡更及监管、事件处置、AI 垃圾箱溢满检测、AI 乱堆物堆料检测、AI 机动车乱停放检测、AI 非机动车乱停放检测与 AI 消防通道侵占等功能。

4．社会 / 经济效益分析

（1）促进园区人本化、集约化、智慧化的发展。

为支撑上层智慧应用，本项目构建弱电统一集成平台，对各弱电系统进行数据集成，同时对接园区已建设的数据中台、园区 OA 系统与园区服务 App。打通各层级间的数据通道，实现统一的数据管理、数据交换和数据共享，最终支撑园区人本化、集约化、智慧化发展。

（2）促进园区的高质量运营、高质量服务与高质量发展。

以中核产业区为"园中园"示范，打造集园区管理运营、安全防控、科技体验与公众服务等功能为一体的"AI+智慧应用"体系，保障园区"科技前导""智慧运营""绿色安全"与"开放创新"目标的实现，促进园区的高质量运营、高质量服务与高质量发展。

（3）为智慧园区的建设推广提供标杆性的范例，实现园区物理世界与数字世界全时全量融合。

依据崖州湾科技城智慧园区整体建设框架，通过构建以大数据、云计算、物联网与人工智能等核心技术为基础的统一园区中台，实现园区物理世界与数字世界全时全量融合。通过崖州湾科技城智慧园区建设，为未来崖州湾科技城整体推广智慧场景应用，建设符合未来技术趋势的智慧园区，体现科技城的创新性与持续性，全面彰显智慧园区建设效益提供范例。

8.2.2　上海临港科技创新城 A0202 地块项目

1. 项目概况

上海临港科技创新城 A0202 地块项目位于上海市浦东新区南汇新城镇海洋一路旁边，是临港地区"一城六园"的重要组成部分；是临港科技城总体规划的首发项目；是集办公、先进技术平台、会展中心、会议中心于一体的高新产业集群研发中心；还是临港新片区核心产业的技术策源地，又名"创新晶体"。本项目由上海益邦智能技术股份有限公司实施完成。

园区总建筑面积 $146731m^2$。由 3 幢高层组成商务办公楼，其中 T1 楼 15 层、T2 楼 18 层、T3 楼 16 层，T1 和 T3 塔楼部分为毛坯交付的租赁办公，裙楼部分为租赁会议层和毛坯交付的租赁商业，T2 为集团自用部分。

2. 系统架构

系统架构见图 8-4。

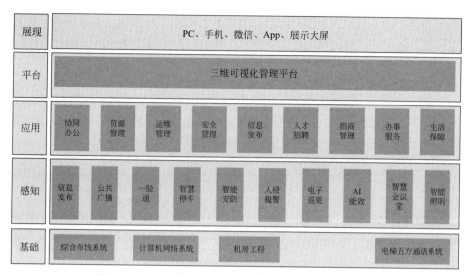

图 8-4　上海临港科技创新城 A0202 地块项目系统架构

3. 特色应用场景

（1）一脸通

结合园区的实际需求，基于一脸通技术，正式员工根据权限一脸通行联动场景，提前录入访客信息，设置访客权限；预约访客人脸识别进入园区，人脸刷闸机联动派梯到被访人楼层。

（2）智慧停车

访客通过小程序预约拜访人并添加车辆信息，收到预约成功短信，系统自动分配车辆到被访者办公所在楼的地下停车位；预约车位摄像头为黄色；车辆在地库根据显示屏的方向提示行进，通过预约区域入口的摄像头识别到车辆已进入预约区域，蓝牙锁放下；车辆停进车位后，车位摄像头变成红色。

（3）智能安防

运用人工智能技术，采用人脸识别摄像机，实现视频浓缩、禁区监控、智能追踪、人群聚集、跌倒检测、失物追踪、火灾检测、异常行为报警。

（4）AI 能效

利用智能传感器，实时自动采集能耗数据、环境数据、用能系统及设备运行数据等，建立建筑运维数据库，运用"云－边－端"技术对建筑用能系统进行最优化控制。运维人员可随时随地查看所有设备运行参数、备品备件库存数量以及自动派发故障事件等，有效提高运维效率以及减少人工投入成本。

（5）智慧会议室

会议预约可使用微信/OA/App方式预订会议室，达到"即时操作，即时见效"的功能，参会人员可刷脸签到，系统会在开会前根据场景模式自动开启空调、灯光、音视频会议设备等预先准备好的开会环境。

4．社会/经济效益分析

（1）实现数字化管理

通过人工智能、大数据、数字孪生等技术实现运行状态实时感知、数据共享、智能分析、业务联动、决策支撑，服务于空间管理、设备管理、智慧运维、信息共享、综合安防、能耗管理等领域。

整合管理各业务线（保安、保洁、设备、餐饮、绿化）及空间管理、能耗管理的数据，建立各业务数据分析模型，进行综合数据分析，实现各业务数据总体态势监控、事件集中处置等一体运控功能。

（2）统一园区服务标准化水平

围绕设备、报修、会务、餐饮、安保、能耗、空间运营、停车、消费等各业务，在申请、审批、办理、结算、订购服务、团购活动、特色活动等工作方面，全面实现流程信息化、规范化、集成化、透明化、智慧化，增强管理效率。

涵盖物耗采购、报事报修、会务、订餐、服务热线、参与活动等功能，面向全园区企业及所属员工，实现通过电脑端或移动端，能够快速、精准、有效地申请各项服务，并随时查看服务进度，以及提出合理化建议。

8.2.3 民海生物新型疫苗国际化产业基地

1．项目概况

民海生物新型疫苗国际化产业基地坐落于北京市大兴区生物医药产业基地。作为北京市2021年重点推进项目，以打造"创新化、生态化的新型智慧园区"为目标，依托物联网、云计算、人工智能、大数据、BIM等新一代信息技术，对园区内生产、研发、办公、物业管理、生活服务等多场景进行"智慧+"赋能，全面提升园区管理水平，为园区管理者、企业、员工、访客等带来"安全、便捷、绿色、高效"的智慧体验。本项目由北京泰豪智能工程有限公司实施完成。

2. 系统架构

项目主要遵循智能建筑相关设计标准进行设计，包含 20 多个子系统，共同构成了系统架构的设施层，同时为应用层各类功能场景提供基础数据支撑。具体架构如图 8-5 所示。

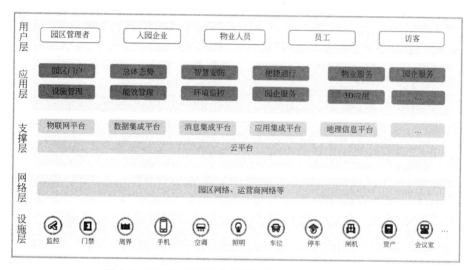

图 8-5　民海生物新型疫苗国际化产业基地系统架构

3. 特色应用场景

（1）总体态势

综合园区各业务单元能力，对园区生产、安防、能效、通行、环境、设备设施等运行态势进行"一屏统管"，对运行中的各类异常、告警等事件统一上报，统筹调度，并结合园区三维模型进行直观形象的场景化呈现。

（2）便捷通行

基于 GIS、AI 识别及视频云检索对于人员及车辆信息进行采集、分析及管理。实现人员及车辆的信息管理、位置、轨迹、黑白名单、进出统计等功能，从而实现对园区人员的精细化管理。

（3）设施管理

涵盖设备设施统一告警管理、物业维修作业、设备设施运行监测、设备设施运营报表等功能；通过设施管理用户可实现扁平化的设备管理，节省管理成本，提高监控、管理、维保效率。

（4）能效管理

实现远程抄表、能耗状态实时显示，对能耗按照不同维度（时间、区域等）进行统计分析；通过与房间集控系统联动，对房间的用电、空调进行监测与控制，降低能耗，通过对电气的实时监控分析或采用节能策略关联设备控制定时任务，以此降低能耗。

（5）环境监控

对室内温度、湿度、人均风量、PM2.5、PM10等人居环境因子实时监测，超出适均区间产生告警；对机房温度、湿度、微尘、水浸等设备运行环境因子实时监测，超出适均区间产生告警；对生产区域的净水净气、温度、湿度、洁净度、污染物设置阈值，达到阈值时产生报警并通知管理人员。

（6）3D应用

主要结合数字孪生技术，以园区BIM模型为基础，将物联网数据与空间数据有机结合，实现园区可视化、建筑可视化、结构可视化、应用场景可视化，提升园区运营管理数字化水平。

4．社会／经济效益分析

通过将各类信息化技术与传统智能化系统的有机结合，实现园区基础设施数字化，积极响应国家"新基建"相关政策的号召；通过大数据、AI视频分析等技术整合应用，能够有效提升园区安全保障的智能化水平；通过GIS、BIM等空间信息化技术，实现园区空间资产的数字化，为城市CIM平台推广应用提供空间支撑；通过各类应用场景设计，实现园区"人、业、产、场"等要素综合数字化应用，为新型智慧园区建设及运营模式的探索与实践提供参考。

8.3 教育园区

8.3.1 华南理工大学广州国际校区

1. 园区概况

华南理工大学广州国际校区选址广州番禺区，与广州大学城隔岸相望，总用地 1650 亩，建筑面积约 110 万 m^2，其中一期建设 50 万 m^2，二期建设 60 万 m^2，总投入超 110 亿元。拟设立 10 个新工科学院，逐步实现约 1.2 万人的办学规模，建立完整的本科 – 硕士 – 博士研究生培养体系，其中本科生约 3000 人，研究生约 9000 人。本项目由华南理工大学建筑设计研究院有限公司设计完成。

2. 系统架构

系统架构见图 8-6。

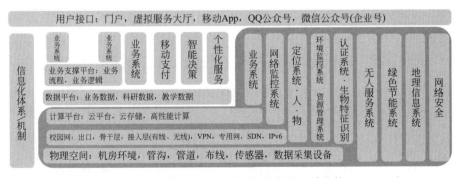

图 8-6　华南理工大学广州国际校区系统架构

按照智慧校园整体框架建设内容，具体划分如下：

物理空间部分：包括建筑机房环境（数据中心机房、消防安防监控中心、智慧校园管理中心、汇聚机房、通信接入间）、管沟、管道、布线等基础条件。

校园网系统部分：包括出口、骨干层、接入层（有线、无线）、专用网等部分。

计算平台：包括云平台、云存储、高性能计算。

业务系统：包括校区数据平台、各应用业务系统以及个性化应用系统等。其中主要应用运行平台包括智慧校园统一认证平台、智能融合门户平台、数据交换平台、人力资源管理系统、科研管理系统、本科生教务系统、研究生教务系统、在线学习平台、实验教学管理信息系统、协同办公系统、组织干部系统、学生全生命周期管理、设备购置审批系统、资产管理系统、财务管理平台、招标管理系统、审计管理系统、图书馆信息系统、校区企业资源管理系统、校区校情分析大数据分析平台、校内交流平台、教师个人主页系统、私有云盘系统、团队与个人知识库管理与协同系统等。

用户接口应用系统：包括门户、虚拟服务大厅、手机 App、QQ 公众号、微信企业号、用户服务系统等。

网络安全部分：包括下一代出口防火墙、上网行为审计系统及审计日志管理系统、虚拟专用网络服务器、应用防火墙、网页防篡改系统、网站安全监测系统、云安全监测系统、网络安全应急响应项目、信息系统服务器安全加固项目、大数据日志分析系统、系统漏洞扫描系统、安全等级保护评测项目。

智慧校园的智能化系统部分：信息设施系统，包括通信接入系统、电话交换系统、布线系统、信息网络系统、移动通信室内分布系统、有线电视系统、校园广播系统、时钟同步系统、公共信息系统；智慧校园应用系统，包括智慧校园管理系统、校园一卡通系统、智慧教室、智慧实验室、智慧图书馆、智慧宿舍、智慧餐厅、智慧体育场馆；绿色节能系统，包括建筑设备监控系统、智慧配电系统、能源管理系统、智能照明系统、物联网系统；安全防范系统，包括视频监控、出入口控制、入侵报警、无线对讲、电子巡查、停车场管理；智慧校园中央管理平台，包括智能化集成系统、BIM、地理信息系统、智慧设施管理系统（物业管理、资产管理、设备管理）、手机 App；机房工程。

3．特色应用场景

智慧课室：精品课程录播、交互式教学系统、标准考场、电子白板、远程教学系统。

智慧实验室：智能试剂柜、实验室安全管理、实验课考勤管理。

智慧图书馆：智慧图书管理、电子阅览室、24h 自助借还书、图书自动分拣。

智慧宿舍：智能水控机、电子门锁、光纤入室、智能抄表、智慧洗衣机。

智慧餐厅：智能餐盘、明厨亮灶。

智慧体育场馆：智能储物柜、综合球类比赛计时记分、大屏幕显示、场地及观众席扩声系统。

智慧安防：安防综合管理平台。

智慧巡检：在线式电子巡查。

8.3.2 深圳大学西丽校区建筑工程（二期）项目

1．项目概况

深圳大学西丽校区建筑工程（二期）项目为深圳市重大项目，项目总用地面积 19.5 万 m^2，总建筑面积 43.9 万 m^2，以"紧凑式组群、学科交融"的理念为基础，形成多个相对集中的学科组群。校区包含中央图书馆、行政办公与专职科研用房、法商学部、公共教学楼、学生宿舍与食堂等 16 栋建筑。本项目由同方股份有限公司实施完成。

2．系统架构

系统架构如图 8-7 所示。

3．特色应用场景

（1）"群智能"技术提升校园设备设施智慧化

在新一代人工智能发展规划中明确提出群体智能的研究方向，对于推动新一代人工智能发展具有重要意义。通过可支持系统自识别、自组织控制的模块化信息系统模型，建立可即插即用、实现自组织控制的群体智能系统，解决智慧校园多区域、多场景的基础设施设备管理与能耗问题。

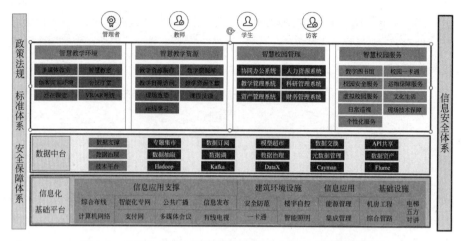

图 8-7　深圳大学西丽校区建筑工程（二期）项目系统架构

（2）数字孪生平台保障校园全区域安全

打造智慧校园可视化数字孪生平台，依托 BIM、GIS 为基础构建数字空间，还原并无限接近实体，以数字空间为基础借助 IoT 技术实现对教学、能源、环境、安防等多维数据的融合，结合空间优势打通多领域数据融通，并通过三维可视化进行直观展示和仿真演练，实现物联网设备、基础设施、教育教学场景、环境 AI 行为分析的数据有机结合，有效提升智慧校园复杂系统的智能识别。

（3）大数据分析助力学生成绩提升治理机制

借助大数据和信息与通信技术，实时记录、跟踪和分析学习者在教育教学过程中的数据，协助教师开展具有针对性的差异性和个别化教学。为学校管理决策提供统计分析依据，提升学校的管理效率和办学效率，落实利用大数据驱动学校教育质量提升的治理机制，有效支持教育政策的制定、教育教学改革、学生个性化培养及学校综合管理等。

4．社会／经济效益分析

（1）以学生成长为核心的智慧校园建设

以立德树人为指导思想，以人才质量提升为目标，以学生个性化核心素质培养为核心，以开放式智慧校园的设计与建设为基础，以大数据应用、智慧物联技术为支撑，整合各类教育应用系统，优化再造业务流程数据，全面覆盖学校日常教育教学工作，形成可视化分析结果和报告，有效解决当前学生综合素质培养、教师队伍管理、教育改革应对措施、领导决策等方面的教育发展热点和难点问题，引导学校育人方向的改变，全面提升人才培育质量。

（2）创新人才培养机制，兼顾全面发展和个性发展

关注学生健康、多样发展，既重视学生思想品德、学业水平、身心健康、艺术素养、社会实践等方面的全面发展，也反映学生个体的主要特点和突出表现；在培养学生的过程中充分挖掘学生的兴趣点，让每一个学生的兴趣成为特长，让特长成为支持学生更好生活的一技之长，同时让信息化平台同步分享和提供全方位管理分析，助力学生全面成长。

（3）以学生综合素质评价为实践，实现教育改革新发展

利用学生综合素质评价平台数据对学校相关工作进行辅助指导，将党和国家关于学校综合素质评价工作落实到每一堂课，构建方向正确、内容完善、学段衔接、载体丰富、常态开展的信息化融合工作体系，以信息化工具促进德育工作专业化、规范化、实效化，打造全员育人、全程育人、全方位育人的智慧校园综合体系。

8.3.3 紫琅湖九年一贯制学校项目

1. 项目概况

紫琅湖九年一贯制学校是南通市中央创新区建设的重点项目之一，是进一步推动调整优化市区小学、初中布局，促进优质教育资源均衡配置，实现多重发展目标要求的重要举措。设计方案参照《江苏省中小学智慧校园建设指导意见（试行）》。

紫琅湖九年一贯制学校总建筑面积 $79600m^2$，其中地上建筑面积 $66800m^2$，地下建筑面积 $12800m^2$。本项目由北京盛云致臻智能科技有限公司实施完成。

2．系统架构

本项目基于 BIM 的综合管理系统将不同功能的建筑智能化子系统，在 3D 模型的基础上通过统一的信息平台实现集成，形成具体信息汇集、资源共享及优化管理等智慧校园可视化管控平台。利用物联网、通信、数据处理等技术，通过可量化的数字、数据对各类系统、设备、设施等运行资源进行抽象，构建与真实环境相对应的数字虚拟环境，将运行资源转变为精细、客观的数字化对象。平台基于数字化对象的信息处理与传递，实现资源之间的功能联动、人员之间的工作互动、职能之间的信息流动，并在整个协同过程中将工作经验、业务规范、团队标准、业务流程等固化在系统中形成知识积累，降低物业管理部门的工作强度，提高学校的管理效率，进一步优化协同过程以形成良性循环，不断提升工作效率与管理水平，让学校的管理工作水平迈上一个新台阶（图 8-8）。

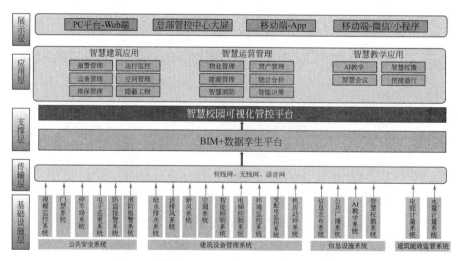

图 8-8　紫琅湖九年一贯制学校项目系统架构

3．功能特点

（1）系统集成，实现数据共享

为支持上层智慧应用，本项目通过物联网平台构建弱电智能化系统统一集成通信，并对各系统进行数据集成，同时对接学校 OA 系统与物业服务 App。打通各层级间的数据通道，实现统一的数据管理、数据交换和数据共享。

（2）校园安全，实现平安校园

通过结合视频监控系统、消防报警系统、门禁系统、防盗报警系统、电子巡更系统及智慧校徽系统的数据融合，成功构建一套可覆盖校园绝大多数安全事件的监控系统，并通过可视化管控平台实现快速应急响应。

（3）AI 教学，实现智慧教学

集成 AI 教学系统和智慧校徽系统，实时分析学生学习动态、运动数据、活动轨迹，打造一个对教育教学、教育管理进行洞察和预测的智慧学习环境。

（4）绿色节能，实现低碳校园

紫琅湖九年一贯制学校通过可视化管控平台集成的楼宇智能控制系统、智能照明系统及能源管理系统，实现对校园能源消耗的统一集成管理，杜绝能源浪费，打造低碳校园。

8.4 物流园区

8.4.1 新疆国际陆港集团中欧班列（乌鲁木齐）集结中心万物互联平台项目

1. 项目概况

位于丝绸之路经济带核心区的新疆国际陆港集团中欧班列（乌鲁木齐）集结中心万物互联平台项目构建了数字中台、智慧中台、业务中台和智慧场景应用。以数字孪生和人工智能等先进技术为依托，融合多种物联设备，实现场站可视、可管、可控，为管理场站赋能；同时，引入无人驾驶集装箱卡车、无人安防巡逻车，用机器人代替人工，实现场站安防和运输作业的无人化，为场站业务工作赋能；利用近地卫星实现跨境集装箱的定位和状态监控，赋能集装箱管控。本项目由讯飞智元信息科技有限公司实施完成。

2．系统架构

系统架构见图 8-9。

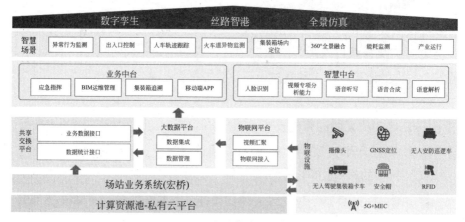

图 8-9　智慧物流园区系统架构

实现港域全景全要素的数字化再造：基于数字孪生技术，以业务为驱动，以数据为底座，通过万物互联的感知应用，实现业务与数据紧密对接、多形式联运业务一体化；同时实现贸易、物流、通关等信息共享交换。

构建"场站超脑"为业务全场景赋能：形成具有自成长能力的"场站超脑"，推进智慧化场景示范应用；实现可视化、智慧化科学管理体系，为中欧班列（乌鲁木齐）集结中心提供更高效的运营水平、更安全的园区环境，更精细的管理服务。

3．应用场景

整体建设基于数字孪生平台，形成虚实映射，围绕陆港集团重点关注的集结中心管理问题，优先选择生产、运营、安全三大领域的管理需求，推进智慧化场景应用，建立可视化、智慧化科学管理体系。

围绕集结中心生产安全监测、区域风险隐患监测、应急救援现场实时动态监测等应用需求，利用物联网、视频识别等技术，通过物联、视频感知和全员感知等感知途径，汇集各单元感知信息，建设全域覆盖的感知网络。

应用场景包括：异常行为监测、出入口控制、人车轨迹跟踪、火车道异物监测、集装箱场内定位、360° 全景融合、能耗监测、产业运行。

4．社会／经济效益分析

该项目以数据为底座，通过万物互联的感知应用，实现业务和数据的全贯通，形成具有自成长能力的"场站超脑"，为集结中心提供更高效的运营水平、更安全的园区环境、更精细的管理服务。

（1）降本增效：通过视频分析，可以代替人工进行 7×24h 巡查，发现场站中的安全风险和作业不规范行为，原本 30min 的巡查，通过视频分析在几秒内即可完成，大幅缩短发现的时间间隔，提高处置效率。开展现场多路视频回传的远程控制，完成集结中心和多联中心自动理货、封闭区域内集装箱卡车自动驾驶等，搭建无人巡逻体系，助力货物转运效率和作业时长的改善，提升理货的准确率及效率，实现降本增效。

（2）经济环保：利用无人驾驶集装箱卡车，预计每车每年为场站节省 45 万元左右的人力成本，以及每车每年 10 万元左右的燃油费及车辆维护费。

（3）高效管理：利用数字孪生技术，可对场站动态高效掌控，采用虚实映射，以虚控实的方式可以大幅提升管理效率，并可利用分析推演，对场站规划进行指导。

（4）优化调度：利用大数据技术对集结中心生产系统数据、货场资源数据、历史作业数据进行深度整合、优化，进行数据挖掘，对货场整合资源、优化调度具有极高的参考价值。

8.4.2　横琴口岸综合交通枢纽项目

1．项目概况

横琴口岸综合交通枢纽项目位于珠海市横琴新区，北连中央商务中心、南接国际文化教育区（澳门大学）、西邻行政管理中心、东望澳门文娱区，位于"一国两制"的交汇点和"内外辐射"的结合部，同时也是横琴新区商务办公发展轴与综合服务设施发展轴的交汇点。项目总用地 34.5hm²，总建设规模 130 余万平方米，划分为 A、B、C、D、E、F 多个建筑组团，项目业态丰富，包括口岸通关、口岸配套、综合交通枢纽、综合配套服务区、酒店、办公、公寓、商业等，是超大型口岸枢纽综合体。本项目由同方股份有限公司实施完成。

2．系统架构

通过"智能+能源"的双能驱动，深度融合人、物、事，实现园区总体态势、运行监测、综合安防、运营管理、智慧服务和决策支持等业务应用，打造多维度智慧化应用，服务于横琴口岸综合交通枢纽项目管理者、运维人员、社会公众的多元需求（图 8-10）。

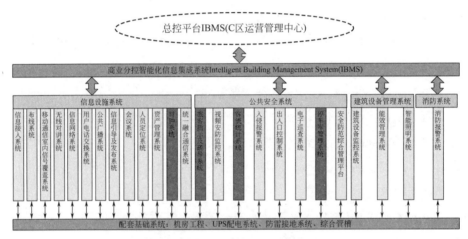

图 8-10　总控平台系统架构

3．应用场景

本项目结构复杂、业态众多、人员密集，解决方案在确保公共安全、公众服务、节能降耗、运维管理等方面都有着广泛应用。

（1）AI 智能分析确保枢纽公共安全

结合客流统计、密度分析等多种 AI 智能分析功能，控制中心能及时了解枢纽内的人员分布情况，同时，结合出入口及关键路口的人脸抓拍摄像机，还能进行人员识别和轨迹跟踪，便于突发情况的积极应对，确保枢纽公共安全。

（2）室内定位导航提升公众体验服务

枢纽建筑单层面积大、结构复杂、容易迷路，通过室内三维定位导航系统，能指导公众在复杂的环境中快速找到目的地，提升公众体验服务。

（3）节碳减排助力碳达峰

实时监测枢纽内空气质量，自动调节温湿度、送排风，环境舒适、购物轻松，提升集客力；对枢纽水、电、冷热量进行采集与计量，结合大数据技术和人工智能分析，建立能耗模型、分析能耗数据、诊断能耗运行、预测能耗趋势、制定节能策略，实现节能降耗。

（4）主动运维、降本增效

本项目还建设一套基于同方昆仑数字平台、总/分架构的三维可视化IBMS 智能化集成系统，分别部署在园区总控中心和 A、B、C 区分控中心，后期建设的各业态分控中心均接入总控中心统一管理。利用视频云 +AI 技术实现安全巡检、人员布控、周界告警等视频智能分析；结合 BIM+GIS，实现枢纽全量设备故障统一检测、精准定位、快速处理，变被动式枢纽运维为主动式智慧运营，实现降本增效。

4. 社会 / 经济效益分析

粤港澳大湾区，是中国开放程度最高、经济活力最强的区域之一，是世界级城市群、国际科技创新中心、"一带一路"建设的重要支撑。

智慧化建设是横琴口岸综合交通枢纽项目运维管理的基础，提供基础设施、数据采集、分析、处理、展示及应用的服务，通过智慧化系统建设实施，一方面为公众出行、购物、通关等活动提供安全、舒适、便利的环境和服务，另一方面也能为大横琴物业提供多种高效管理的手段，降低口岸枢纽整体能源消耗，实现高效运维并降低运维成本，打造绿色节能的低碳枢纽。

横琴口岸综合交通枢纽项目契合横琴自贸区的特色，打造"模式创新、通关便捷、设施齐备"的国内一流口岸，智慧、绿色、健康的园区解决方案可为将横琴口岸建设成为"智慧、绿色、花园式口岸"的核心建设目标提供极大助力。

8.5 文旅园区

8.5.1 济南融创文旅城主题乐园夜游项目

1. 项目概况

济南融创文旅城主题乐园夜游项目为国内首个欧式童话沉浸式场景乐园，与区域竞品项目形成差异化，自成特色，结合大热 IP 阿狸，以"2021夜夜夜阿狸之炫彩的夜"为主题，与花车巡游、精灵森林、魔力港湾和魔幻花园等沉浸式区域串联组合，打造极具特色的沉浸式魔法夜游。本项目由浙江省建筑设计研究院设计完成。

2. 系统架构

济南融创文旅城主题乐园夜游项目整体分为五个游玩区域，通过智能时控和各专业系统的智能物联网关的应用，实现整个园区夜游灯光、音响、视频、特效、雾森等系统的同步和触发。而且游客可通过扫码进入微信小程序、微信公众号，完成选择动画模板、填写祝福语、提交订单、系统自动审核、付款等操作，所有内容通过审核才会展示，为项目后续运营创造有利条件（图8-11、图 8-12）。

3. 应用场景

本系统可以应用于各种类型的交互式游玩体验系统中，如:夜间游乐园、商场游客游玩区域等场所。应从视、触、听、嗅等多方位感官进行交互式体验出发，为游客打造身临其境的游乐设施体验感。

4. 社会 / 经济效益分析

作为山东首个集文化、旅游、体育、商业、会议会展为一体的文旅综合体项目，济南融创文旅城探索场景创新运营，深挖欢乐内核，通过开放式乐园、沉浸式夜游等消费场景，赋予济南融创文旅城更多的服务内涵，多维满足游客个性化需求，为济南文娱消费带来全新期待。与此同时，这也

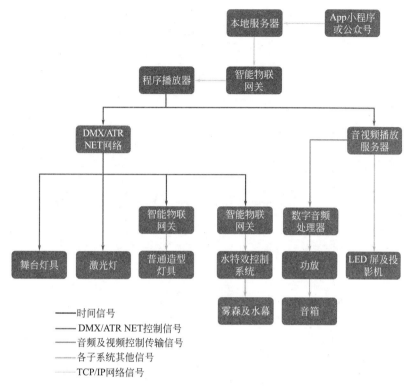

图 8-11　济南融创文旅城主题乐园夜游项目系统架构（一）

是融创文旅集团已布局的 10 座文旅城项目中投资最大、体量最大、业态最全、地段最好的文旅项目，是融创文旅集团的代表性巨作。

据了解，济南融创文旅城 2021 年端午节三天累计接待游客超 32.8 万人次，十一黄金周首日更是迎来近 10 万人次，成为名副其实的人气打卡地。

8.5.2　临安国漫数字化景区（河桥古镇）建设项目

1. 项目概况

临安国漫数字化景区（河桥古镇）建设项目结合数字技术、智能信息、物联网等技术手段，建设国内首个以"国漫数字化景区小镇"为主题的旅游目的地和动漫产业聚集地。该项目的技术呈现方式在众多旅游产品中是首次尝试，以河桥古镇 1300 余年的历史积淀为基础，以腾讯头部 IP《狐妖

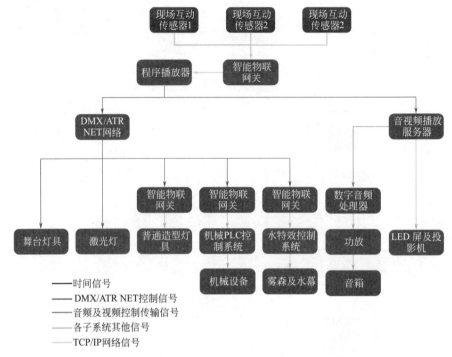

图 8-12 济南融创文旅城主题乐园夜游项目系统架构（二）

小红娘》为核心内容，与 3D mapping、楼体投影、全息互动、机械互动等现代化技术结合，打造沉浸式夜游体验项目，能够在夜间将动漫元素进行实景呈现。

2．系统架构

景区运用了演出同步控制系统技术，对其投影播控系统、扩声系统、舞台灯光系统、舞台机械系统、威亚系统、特斯拉电圈系统等进行同步和触发控制（图 8-13）。

3．应用场景

本系统可以应用于各种类型如沉浸式、行进式、固定表演场所等深度旅游体验演艺项目中，使观众处于场景之中，作为演出的一部分穿梭其中，与场景和 NPC（非玩家角色）交互，使每场演出对于每一位观众来说是独一无二的体验。

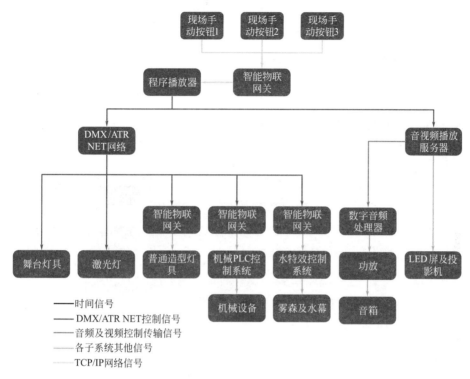

图 8-13　临安国漫数字化景区（河桥古镇）建设项目系统架构

4．社会／经济效益分析

河桥古镇携手"狐妖小红娘"景区聚焦"文化＋旅游＋夜经济"发展势能，首创"动漫＋科技＋沉浸式夜游"的全新体验模式，不仅为漫迷们还原"涂山"世界，更能让众多普通游客感受到国漫文化的魅力。开业至今，周末、节假日的演出上座率基本达到 100%，旅游量更是 2019 年全镇旅游人次的 5 倍，极大改变河桥古镇原有人气不旺的局面，努力成为有效提振城市经济增长的新引擎、新动能、新活力，释放城市新力量，助力城市经济新发展。

8.6 智慧场馆

8.6.1 西安奥林匹克体育中心

1. 项目概况

西安奥林匹克体育中心规划面积约 5km^2，重点建设三大场馆和两个服务中心。三大场馆分别为能容纳 6 万人的主体育场、能容纳 1.8 万人的综合性体育馆和能容纳 4000 人的跳水游泳中心。两个服务中心为奥体指挥运营中心和新闻媒体中心。西安奥林匹克体育中心承担了第十四届全运会开幕式、闭幕式及田径、游泳、跳水、花样游泳等比赛项目，还将承担冰球、NBA、羽毛球等国际专业赛事，同时具有演艺和会展功能。本项目由中建三局智能技术有限公司实施完成。

2. 系统架构

西安奥林匹克体育中心数字平台整体架构分为四层：业务应用层、数字集成平台层、连接层和终端层。架构设计是以数字平台为核心，通过统一的数字平台，实现与奥体中心智能化子系统对接，同时保障未来业务的平滑扩充。数字平台作为承上启下的核心部件，承担着南向设备子系统集成及北向应用服务数据开放的功能（图 8-14）。

3. 特色应用场景

全局可视：利用智慧园区数字平台，打造"超级大脑"智能运营中心 IOC，集成 30 多项功能的综合智慧指挥平台，帮助西安奥林匹克体育中心实现人、车、资产、设施的全联接，使园区的安防、消防、电力、能耗等实现可视化管理，驱动场馆运营管理走向精细化。

数据 AI：为了满足全运会期间的各项安保需求，场馆内安装视频监控设备，引入 5G 安防机器人、5G 安防无人机、AI 眼镜等新科技。通过 AI 算法以及安防系统自动分析和识别画面内容，可以实时自动预警，让西安

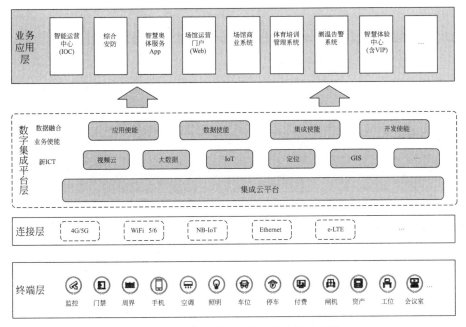

图 8-14 西安奥林匹克体育中心系统架构

奥林匹克体育中心安保等级高效提升，起到事半功倍的效果。

智慧灯杆：场馆室外设置集成 5G 微站、WiFi 发射、一键报警求助、广播、AI 安保监控、环境监测和无人机防御等功能的智慧灯杆，使智慧灯杆成为一个具有信息采集、发布、传输和智能应用功能的智慧园区感知基础设施平台，为场馆提供了一个管理精细化、治安可视化、环境宜居化、无线高效化的高质量服务环境。

5G 智慧场馆：融合了 5G、大数据、互联网等信息技术，利用 5G+VR 赛事直播、AR 赛事导览及安全科普、全息展示体验、裸眼沉浸体验、5G+VR 沉浸体验、AR 体验、全景展厅等新科技展示手法与体育主题无缝融合，营建具有现代主义和新科技美学主义风格的超级连接智慧场馆，为参观者营造悦目悦耳、悦心悦情、悦神悦志的沉浸式统觉体验，为体验者带来交互式体验的科技革命。

智慧展厅：将"悬浮的时空飘屏"全景式感官沉浸展项作为亮点之一，

利用声、光、电及 VR 技术营造科技感的智慧展厅。带体验者游历古今体育历史、辉煌全运六十年，经历梦回长安、穿越未来的时空之旅。

4. 社会 / 经济效益分析

社会效益：2021 年是中国共产党成立 100 周年，西安奥林匹克体育中心圆满举办第十四届全运会，克服了新冠疫情影响，开辟了许多全新的智慧化办赛模式，成功实现了"精彩、圆满"的办会目标。

经济效益：西安奥林匹克体育中心通过智慧场馆系统，实现场馆赛事服务人员减少 30%，能源使用费用降低 23%，设备使用寿命预期增长 35%。

8.6.2 安徽创新馆

1. 项目概况

全国首座以创新为主题的场馆，工程位于安徽省合肥市滨湖新区，建筑面积 81859.7m²，建筑物总高 20.9m。地下 1 层，主要为车库及设备用房等，建筑面积 29864.85m²，地上由 3 栋独立单体展馆（1、2、3 号馆）建筑组成。其中 1 号馆主要为各种创新展厅，地上 3 层，总建筑面积 22561.65m²；2 号馆主要为各种展览展示厅、开敞式办公室、会议室及辅助用房等，地上 3 层，总建筑面积 17656.41m²；3 号馆主要为创新人才服务中心、全球路演中心、创新剧场、科技成果发布大厅、创新演播厅、开敞式办公室、展厅及辅助用房等，地上 2 层，总建筑面积 11757.77m²。本项目由讯飞智元信息科技有限公司实施完成。

2. 系统架构

安徽创新馆充分整合 GIS 与 BIM 技术，将建筑物的设备设施数字化，实现了从前期设计阶段的协同，施工管理到后期的运维管理全链路的可视化管理。以空间 + 时间的维度，对场馆内的设施设备进行全时段、全空域的管控，有效地提升了场馆管理质量和效率（图 8-15）。

3. 应用场景

安徽创新馆应用场景包括：

（1）基础：综合布线（含办公外网、语音网、安防网、智能化专网）、

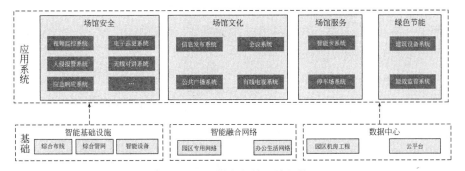

图 8-15 安徽创新馆系统架构

综合管网、园区专用网络、办公生活网络、园区机房工程等。

（2）场馆安全：视频监控系统、无线对讲系统、电子巡更系统、入侵报警系统、应急响应系统等。

（3）场馆文化：公共广播系统、有线电视系统、信息发布系统、会议系统。

（4）场馆服务：智能卡系统、停车场系统。

（5）绿色节能：建筑设备系统、能效监管系统。

4．社会 / 经济效益分析

（1）通过智能基础设施的建设，支撑园区智能升级与应用实现。

（2）通过场馆安全设施的建设，打造一个"知风险、会预防、可回溯、能应对"平安场馆。

（3）通过场馆文化的建设，打造一个文化氛围浓厚的体验园区。

（4）通过各类场馆服务建设，打造一个贴心服务的温馨园区。

（5）通过绿色节能系统建设，打造一个绿色、低碳、智能的可持续发展园区。

8.6.3　国家会展中心（天津）一期项目

1．项目概况

国家会展中心（天津）是服务京津冀协同发展战略的重大工程项目，全面建成后将成为我国国内展览面积最大、绿色技术与产品应用最多、智慧化水平最高的国家级会展平台。中心集展览、会议、商业、办公、酒店功能于一体，总建筑面积约 134 万 m^2，包括 32 个室内展馆和 4 个室外展场。本项目由同方股份有限公司实施完成。

2. 系统架构

建设包括 43 个基础设施子系统，通过数据接口，将各子系统的运行数据、报警数据以及设备运行状态数据实时对接北向智慧管理平台。智慧管理平台包括智慧综合管控、对外服务门户 / 对内管理门户、数字平台、智慧基础设施四部分，整个智慧化子系统具备可扩展、可演进功能，支撑场馆和会展主业态实现稳定、智慧化运行（图 8-16）。

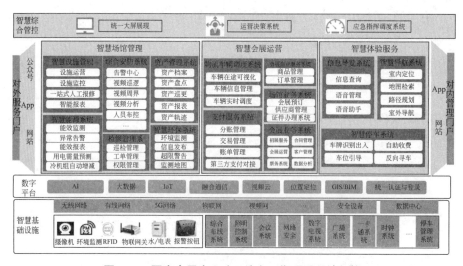

图 8-16　国家会展中心（天津）一期项目系统架构

3. 应用场景

（1）全面管控，"慧出新高度"

国家会展中心（天津）搭建了一套"可视、可管、可控"的智慧大脑，从"服务""管理"两大维度出发，通过资源整合、手段创新以及功能拓展，实现对会展"数据全融合、状态全可视、业务全可管、事件全可控"，构建统一管理运营指挥中心（图 8-17）。

图 8-17   指挥中心智慧化 IOC 整体效果

（2）全量数据贯通、构建数字孪生平台

结合 BIM+GIS 技术,融合物理空间和数字空间,打造一张数字孪生底图,实现可视化管理与指挥调度。以地理信息为基础, 融合了多种前沿的可视化技术, 提供了物理世界、数据世界和业务世界的多层级全息融合可视能力,支持大场景下海量数据的流畅呈现及稳定运行。

（3）"综合安防、会展运营、体验服务"三位一体

综合安防专题整合了会展中心现有安防应用,将视频周界、视频巡更、黑名单布控及相关处理预案以及相关运营数据指标融合一屏展示。

展会运营管理专题针对当前会展中心运营相关信息, 进行运营数据梳理以及定制化业务功能设计, 一方面整体呈现会展中心运营态势,另一方面对各类展会服务的点位及布撤展情况进行实时监管（图 8-18）。

图 8-18   平台各业态综合运营形态

围绕展会服务全流程, 通过公众号和门户为参展商、观众、服务商、主办方提供一站式服务平台, 提供高效便捷的服务内容。

4. 社会／经济效益分析

本项目地处天津和滨海双城间绿色生态屏障之中,展馆采用装配式建筑、地源热泵、太阳能光伏等 100 多项低碳、环保、节能的绿色建筑技术,

打造生态空间，给予参展、参会者一个接近自然感觉的生态空间。

本项目把绿色理念贯彻到构想、设计、建设、落成、使用全过程，构建绿色三星级标准建筑，将成为"绿色、智能建筑"的行业标杆，成为助力实现"双碳"目标的国际化平台，成为天津以会兴业、以会兴城的亮丽名片。

8.7 商办园区

8.7.1 中建·大兴之星

1. 项目概况

位于北京大兴区，是中建三局在京投资的首个高端综合体项目，总建筑面积 12 万 m^2，包括甲级写字楼、星级酒店、品牌公寓和精品商业。本项目由中建三局智能技术有限公司实施完成。

2. 系统架构

中建·大兴之星采用的中建三局智瓴·智慧园区平台包含一个中心（智慧运营决策中心），三大中台（物业中台、IoT 中台、数据中台），七大态势（安防态势、设备态势、环境态势、能源态势、资产态势、服务态势、运营态势），28 类 133 个应用场景（图 8-19）。

3. 特色应用场景

安防态势：结合视频抓拍、人脸识别与比对等技术与模型空间管理区域结合，将现场实时信息与三维模型进行融合，对现场情况进行记录，做到安防管理的可追溯性。

设备态势：通过物联网、大数据等技术，实现园区各类设备的动态化监测、预警与管理，对重点区域进行实时监控，为设备正常运行保驾护航。

环境态势：基于视频 AI 智能分析算法，实现对保洁、保绿的视频巡查，自动识别是否存在道路污渍、绿植破坏等情况，节约人工，提高效率。

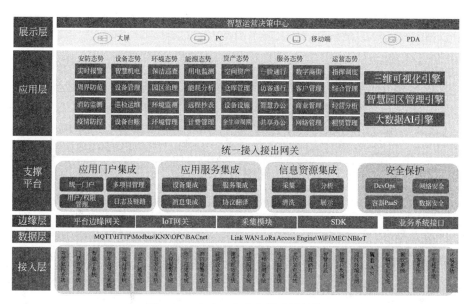

图 8-19　中建·大兴之星系统架构

能源态势：对接物联网设备，实现对建筑能耗的监测、统计、分析与对比。通过可视化图表，按照建筑楼栋、层级展示园区统计的水、电数据，实际用水、用电负荷数据。

资产态势：建立设备台账，跟踪建筑中每一个设施设备的采购、存放、使用及发生的空间调整、调拨情况，对设备定位，跟踪设备状态，进行设备处置。

服务态势：借助三维模型，通过可视化图表，展示智慧商街/食堂的客流统计数据，为园区企业、入驻企业员工和入驻商户提供贴心服务。

运营态势：基于不同维度对园区运营相关数据进行统计、分析和趋势预测，为运营决策提供数据支撑，实现智能数据驱动运营管理。

4．社会/经济效益分析

（1）社会效益：园区全域实现一码通行、无感支付、联动指挥、能耗与设备在线监测等智慧化管理，将成为平安绿色、高效协同、创新发展的智慧园区示范标杆、中建三局对外的运营实力展示窗口和智慧运营创新生态示范区。案例入选《CIM应用与发展》，获评2021年度中国智慧楼宇运营管理金级认证。

（2）经济效益：提升园区整体运营效率，减少管理人员，节约能源，工作生活便捷舒适高效。整体工作效率提升15%、管理服务人员减少30%、设备健康度提升25%。

（3）生态效益：园区综合能耗下降10%。

8.7.2 中国电科太极信息技术产业基地项目

1. 项目概况

本项目为中国电科太极信息技术产业基地项目，M4高新技术产业用地，建设地点为北京市朝阳区望京来广营乡，包含A、B座科研办公楼、C座会议楼、D座云计算产业中心、E座信息技术检测与测评中心等，总建筑面积152494.5m²。本项目由太极计算机股份有限公司实施完成。

本项目建设内容包括智慧园区管控中心运营服务平台、统一通信平台、太极云集成平台以及综合布线系统等18个专业子系统。

2. 系统架构

建立园区综合运营中心，采用物联网、集成技术实现智能化系统设施、设备的集中化管理。采用云计算技术实现资源集中、资源优化，统一调配；采用大数据、可视化技术实现园区综合信息展示以及运营服务支撑（图8-20）。

通过太极门户、太极Portal、太极家园App、太极微信服务号等信息出口，实现面向园区管理者、入驻企业、员工等的服务。

3. 应用场景

（1）建立统一的园区数据中心，部署了太极云服务平台，集中管理全园区网络资源与信息资源，服务于园区内办公与科研和全园区的运营与服务管理，提高园区资源利用率，降低运维成本，提高服务质量。

（2）建立统一的园区总控中心，可直接监控集中智能化终端设备运行状况，所有智能化系统软件平台及数据都架设在太极云服务器上，构建更

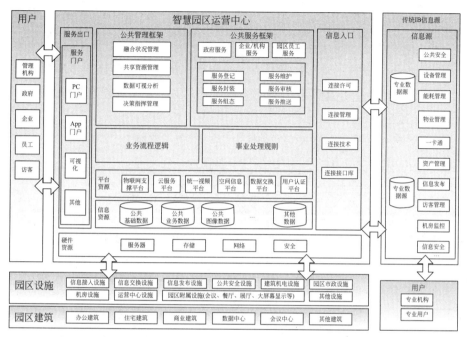

图 8-20　中国电科太极信息技术产业基地项目系统架构

稳定、更安全的应用，降低开发运维的难度和整体 IT 成本。

（3）建立园区物联网应用，使用环境感知、设备感知、图像感知、RFID 感知、二维码感知等各类传感技术，随时随地感知园区信息，支撑园区各类智慧化服务和管理。

（4）建立移动互联的园区，使用有线网络＋无线 WiFi 双网覆盖全园区，支持各类移动应用，扩大了办公和管理的范围，提升了服务的体验。

（5）建立智慧的园区服务，推动园区智能化水平从感知、互联、受控、集成发展到智慧阶段，提供高效的学习工作、生活环境，让园区内人员随时享受智慧化的便捷。主要包括：智慧化一卡通服务、智慧访客服务、智慧餐厅服务、分布式会议服务、智慧交通管理服务、能源管控服务、环境监测管理服务等。

（6）建立综合信息三维可视化平台，采用 BIM、3D、云计算以及大数据分析等新一代信息技术手段，建立数字化虚拟园区，将园区内部的各类设备设施与智能化系统通过 BIM 模型有机地联系在一起，集成为一个相互关联、完整和协调的综合信息管理平台。实现园区各类基础信息与动态信息的高度共享与合理分配，通过大屏幕可视化展示，为园区日常管理与运营提供完善的服务和支撑。

4．社会 / 经济效益分析

本项目充分利用信息及通信技术，从物联网、集成化、智能化出发，夯实数字化的应用管理环境、智慧化的工作环境、智慧化的节能管理、智慧化的一卡通应用平台和具有云计算能力的网络平台，最终建成一个开放、多元、智慧、高效、安全、和谐的智慧园区，为园区内部人员提供一流的信息化，达到提升工作质量、优化管理流程、提高工作效率，提升服务体验的目的，使得信息化整体水平与园区的业务发展定位一致，整体提高园区核心竞争力，并实现园区的跨越式发展，使智慧园区成为智慧城市的一部分。

8.8 医疗园区

8.8.1 浙江大学医学院附属第一医院余杭院区项目

1．项目概况

浙江大学医学院附属第一医院余杭院区，一期总建筑面积 30.65 万 m^2，主要包括门急诊部、住院部、医技部、国际医疗中心及外籍专家招待所、中央公共工程用房、高压氧舱、危险品库及污水处理中心、门卫等，建设床位 1500 张，设计门诊量 8000 人·次 / 日。本项目由浙江省建筑设计研究院设计完成。

本项目定位为智能医院的全球标杆，医教研深度融合的临床研究中心，按照国内领先、国际一流的标准，打造成为一家真正引领行业业态革新的"未来智慧医院"，以患者为中心、以器官或系统为核心构建多学科诊疗模式和全新就医流程，重塑全流程医疗体验，使个人定制医疗和精准医疗落地生根。

2．系统架构

浙江大学医学院附属第一医院余杭院区（以下简称"浙一医院余杭院区"）"未来智慧医院"的建设，围绕互联网＋、物联网＋、集团化云医院、大数据四个方向展开，打造了强健的计算机网络，建立了"浙一医院余杭院区"的中枢神经网络。

以物联网平台为底座，采集覆盖全院的物联网感知设施数据、设备运行数据，使院内所有设备及行为可视、可管、可控。

以大数据中台为核心，分析、处理、优化数据，结合 AI 人工智能计算平台、机器学习平台以及控制策略，形成可持续增长、自我优化的智慧医院软件平台。

以 BIM 模型为可视化基础，从时间、空间维度精准定位事件、行为，并以此打造各级领导数据驾驶舱。

以集团化＋互联网为运营方针，通过云平台，打造浙一医院多院区数据融合、信息共享、资源调度以及紧急事件的协调组织。

3．应用场景

（1）智慧医疗

以物联网、云计算、人工智能、大数据等技术，建立浙一医院以患者数据为中心的智慧医疗系统。采用新型传感器、物联网、通信等技术结合现代医学理念，构建出以电子健康档案为中心的区域医疗信息平台，将医院（院区）之间的业务流程进行整合，优化区域医疗资源，实现在线预约、双向转诊，缩短患者就诊流程和等待时间，优化医疗资源合理分配，真正做到以患者为中心。全面提升医院基础设施智慧化程度，实现高效有序的医院管理、应需而动的公共服务、无处不在的信息沟通、便捷安心的医疗氛围，具备可持续发展的能力。

（2）智慧管理及服务

为了实现浙一医院余杭院区规范化、精细化的管理，结合 BIM 技术使医院建筑信息化步入一个新阶段：涵盖院区内部的消防、VRV 空调（含净化空调系统）、变配电、电梯、综合物流、污水处理、医疗气体工程（含吸引）、冷藏冷冻、锅炉蒸汽等系统，并纳入集成建设，提高医院管理服务的可视化、数字化、集成化和智能化水平，使医院建筑及设备设施安全、舒适、智慧和经济地服务于患者及医务人员，有利于提高医院综合承载能力，促进医院集约高效发展。

4．社会／经济效益分析

作为"未来智慧医院"，将带动浙大一院在诊疗服务、科研教学、后勤管理等多个方面的巨大提升；针对医院管理服务层面，"未来智慧医院"的高规格信息化建设为管理者提供了完美的抓手；针对设备管理层面，设备集中管理、分散控制，实现各设备集中监视和管理，同时又可以保持各子系统的相对独立性，做到分离故障、分散风险、便于管理。

通过对动力机电设备的全生命周期管理，对设备实时运行信息进行管理，保障院区内人员的健康和安全；通过对设备一体化管理，为卫生行政部门、环保部门和医院机关的监督检查提供准备信息，从而完善医疗服务，提高医院工作效率；通过对建筑、设备的用能监测，用能统计分析，用能预警等控制和管理手段，达到建筑节能的目的，提前响应"双碳"政策，为实现碳达峰和碳中和贡献力量；通过 BIM 平台的建设，对院区复杂的管网进行可视化管理，提高管网维保的效率，实现快速故障排查和故障预警。

浙一医院余杭院区的建成，不仅可为所在区域及周边居民看病就医提供保健需求及服务，还将满足浙江省内居民对重症和疑难症的就医需求，为全省居民提供更高水平的医疗卫生服务。

8.8.2　重庆市渝北区人民医院项目

1．项目概况

重庆市渝北区人民医院是一所具有六十多年建院历史，集医疗、急救、预防、教学、科研、康复等为一体的综合性国家二级医院、国家爱婴医院和重庆市新创三甲医院，是全区医疗业务技术指导中心和医疗急救中心，全区城镇职工基本医疗保险、工伤险、生育险、伤残鉴定和新型农村合作医疗的定点单位；同时担负着重庆医科大学、重庆职工医学院、重庆卫校的教学实习任务。本项目由重庆欧偌医疗科技有限公司实施完成。

2．系统架构

本项目按三甲医院弱电智能信息化整体要求设计及实施，智能化系统关系到医院智能管理及信息化硬件设施建设，是智能化数字化医院建设的重要内容，是实现医疗信息化 HIS 系统、PACS 系统、LIS 系统、EMR 四大系统的重要内容，其工程建设类占 25%，设备类及附属软件采购占 75%；本项目属于"交钥匙"工程。中心信息机房设置于科研教学综合楼二层，楼宇控制机房、视频监控机房、备份机房位于住院大厅后二层。

智能化系统共计 16 个智能化子系统：综合布线系统；计算机网络及应用系统（含无线）、网络电视系统 IPTV（含 VOD 点播）；网络数字视频监控系统；防盗入侵报警系统；一卡通系统（含门禁、车位引导、巡更、一卡通应用）；背景音乐及紧急广播系统；监听系统；信息发布系统（含 LED 大屏幕）；分诊排队叫号系统；ICU 病房探视系统；时钟系统；多媒体会议系统；能耗计量系统；子系统集成（IBMS）；机房系统（含信息机房、备份机房）；远程会诊系统等。

3．应用场景

智能化医院建设的目的在于向医患者提供"有效地控制医院感染、节约能源、保护环境、构建以人为本的就医环境"。本次智能化建设方案将目前国内外先进的计算机技术、通信技术、网络技术、信息技术、自动化控制技术、办公自动化技术等运用在医院中，在提供温馨、舒适的就医和工作环境的前提下，减少管理人员、降低能量消耗、实现安全可靠运行、提高服务的响应速度，使建成后的医院高效、稳定地运营。

4．社会／经济效益分析

项目遵循实用性和经济性并重的特点，系统建设始终贯彻面向应用、注重实效的方针，坚持实用、经济的原则。在保证先进性、适用性和可靠性的前提下，尽可能地节约人力、物力。本设计在产品选型上选择性能价格比高的产品，在功能设置方面体现出使用的综合性及实用性，以适合多种用途，从而取得较好的经济效益。力争在最小经济代价的约束条件下，以最低的运行维护费用获得最大的经济效益和社会效益。

8.8.3 江南大学附属医院（无锡市第四人民医院）

1. 项目概况

江南大学附属医院（无锡市第四人民医院）占地面积180亩（12万 m^2），编制床位1500张。医院坚持以"以人为本"的设计理念规划建设，全新打造融合综合医疗区、专科中心区和科研教学区等全域医疗服务的综合性医院。本项目由北京盛云致臻智能科技有限公司实施完成。

2. 系统架构

平台架构采用面向资源的技术架构进行分层设计，支持运维业务各类结构化和非结构化数据的归集统一，并且可以适应未来运维业务与应用的发展，充分遵循系统整合、基础共建、高度解耦、灵活扩展的原则（图8-21）。

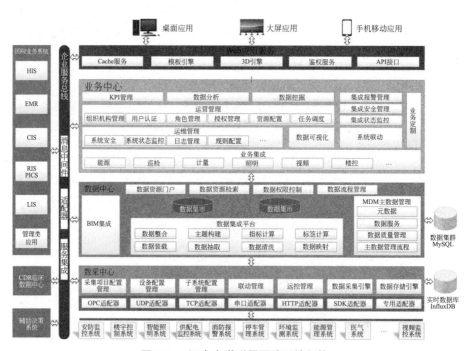

图 8-21　江南大学附属医院系统架构

项目是面向医院业务服务的应用集合，基于弱电智能化系统、计算机网络系统和信息化集成技术，帮助医院主管领导和班组人员提高后勤服务满意度，"高效、安全"地管理众多设备，降低运营成本和能耗、规范业务运营流程，以信息化的手段保障各种管理体系和制度的落实。

项目中将 App 派工、维修派单、智能巡检、设备预警、能耗、数字化建筑设备监控系统等进行一体化管理。以安全为中心，以保障医院运行为根本，实现全院安全运行的集中监控、综合调度及全面精细化管理。

3．应用场景

（1）基于物联网的机电智慧管理。通过物联网技术实现机电设备的实时在线，对其进行集中监控；通过闭环的管理流程对设备进行维修和保养。

（2）智慧安全管理。对于全院的后勤，项目以安全大数据为基础，从全局视角提升对安全威胁的发现识别、理解分析、响应处置能力。

（3）后勤服务。医院后勤服务包括对停车管理、信息发布、会议管理、订餐管理、环境管理和支付管理的全集成。

（4）智慧能耗管理。能耗管理对院内的耗能节点利用 PDCA 模型不断分析诊断，持续改进节能策略，降低医院能耗成本。

（5）运营管理。利用自动生成的 KPI 考核和报表，督促部门、科室提高工作效率；按需定制资料库、工程管理、人员管理、成本管理、物资管理、考核管理等模块，为医院的运营管理提供辅助决策。

（6）一站式后勤智慧中心，从机电、安全、服务、能源、运营等维度进行智慧赋能，打造后勤智脑，做到院区状态可视、作业可管、运营可控。

4．社会／经济效益分析

（1）经济效益

项目的建设不产生直接经济效益，其间接经济效益主要体现在以下几点：

1）提高对突发事件的综合处理能力。

2）有效提升管理效率，减少物业人员支出。

3）改善后勤服务流程，提高后勤服务质量。

4）通过节能减排，降低医院运营成本。

5）降低设备故障率。

（2）社会效益

1）科学管理，简化管理流程，提供无纸化办公环境，对医院各项业务提供精细化管理支持。

2）创新发展，项目在大屏上通过三维模型和大量数据的显示，提供便捷、直观的管理操作方式，为快速决策及响应提供支持。

3）绿色节能，项目采用先进的采样监测技术，实现对能源的全方位监控和管理，实现了KPI视窗、信息聚合和决策分析等功能，达到供需平衡和节能环保的目的。

8.9　城市更新

8.9.1　深圳市罗湖"插花地"棚户区改造

1. 项目概况

深圳市罗湖"插花地"棚户区改造项目融合了住宅、商业、学校、社康、活动中心、环境卫生设施等多种业态，总建筑面积230万 m²，包括木棉岭和布心两个片区，共设有住宅18010套、中小学及幼儿园7所、社康中心2所、老年人日间照料中心3所、水泵房2所、垃圾站2所。

为响应国家倡导的宜居智慧型社区建设政策，达到深圳市社会主义先行示范区示范目标，提升社区政务服务水平，满足人民日益增长的对美好生活的需求，深圳市把此项目建设目标定位为领先示范级物联网智慧社区，由罗湖区政务服务数据管理局全程参与方案规划和实施指导。本项目由中建三局智能技术有限公司实施完成。

2. 系统架构

针对"插花地"棚户区城市更新改造前社区管理无现代化智能设施、社区地广人多无法精细管理、居民生活既无安全感又无舒适性等痛点问题，中建三局智瓴平台运用 IoT 物联网平台和物联网网关，建设了一张多维物联感知网，链接社区物联感知设施近 50 万个，实现社区内的人、车、物、环等要素的全面感知，整合 BIM 数据，构建数字孪生社区。以智慧家庭打造智能生活、以智慧小区提升社区品质、以智慧民生改善人民生活、以智慧政务提高办事效率（图 8-22）。

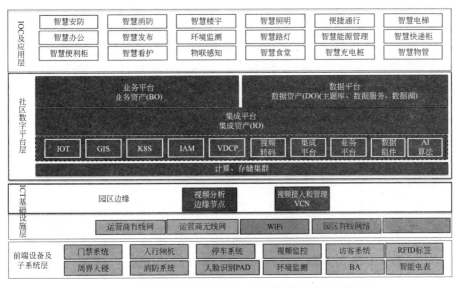

图 8-22　深圳市罗湖"插花地"棚户区改造项目系统架构

3. 应用场景

一键智能联动：建设智慧社区平台，融合物联网、大数据、AI、GIS 等技术，打通社区 105 个子系统，支撑社区安防，突发应急事件一键智能分拨，高效处置。

一图全面呈现：整合 BIM 数据，构建社区人、地、事、物一张图，打造数字孪生社区，实现社区状态可视、事件可控、业务可管，有效提升社区运营管理效率。

一网全面感知：建设一张多维物联感知网，链接社区 50 万个感知末梢，打造物联社区，实现社区内的人、车、物、环等要素的感知，以及物联数据接入、汇聚、分发。

一脸走遍社区：整合社区内 AI 摄像头、智能门禁、通道闸、停车场，建设智能分析平台，针对人脸、车牌进行智能识别，在社区实现便捷通行、医疗教育服务以及相关缴费业务，整体提升社区居民的体验感。

一屏智享生活：构建社区 App，融合社区、物业和社会组织提供的与居民生活相关的服务，打通"i 罗湖"App，使手机 App 获得社区全方位生活服务和配套资源。

一站智能决策：整合社区大数据、视频 AI、物联感知，建设大数据平台，构建社区运行五大指标体系，实现社区数据全面融合打通，利用专家知识和预案库，建立决策辅助体系，实现指标体系闭环运行。

4．社会 / 经济效益分析

（1）经济效益：整个物联网智慧社区，对比传统社区，物业管理人员由 1500 人减少到 750 人、管理效率提升 32%、运营费用降低 30%、居民生活幸福指数提升 35%，达成更好体验、更优服务、更美家园的建设目标。

（2）社会效益：打通"i 罗湖"App，使得业主在手机 App 上便可获得社区全方位生活服务和配套资源，提升居民幸福感获得感。实现电子政务向社区延伸，提高政府的办事效率和服务能力。

（3）生态效益：通过物联网平台的有效联结和 AI 算法，建成智慧能源管理、智慧垃圾桶、智慧出行、智慧停车、智慧充电桩、智慧园林、智慧化粪池、智慧灯杆等多个绿色新能源和智慧系统，全面优化社区能源结构，实现运营使用能源降低 30%，促进城市可持续低碳发展。

8.9.2 浙江省杭州市拱墅区和睦城市更新

1．项目概况

和睦社区建于 20 世纪 80 年代初，总建筑面积 28.34 万 m^2，居住人口有 9700 人，其中 60 周岁以上老年人口占户籍人口比例的 1/3，老龄化程度较为严重。

居民最强烈的需求集中在独居、孤寡老人的智能监护，社区医疗和婴幼儿科学照护等方面，老人居家养老社区要关注他们的身体疾病情况，遇到突发问题怎么处理，老人不会用智能化设备，有没有医护团队可以第一时间救治，另外老人在家养老，孩子不在，社区如何监护，这些都是需要考虑的。其次，孩子还很小，没人照顾怎么办？双职工家庭，孩子下课家里没人接送，谁来托管？孩子平时不上兴趣班，去哪里学习、唱歌、画画？这些问题都很突出。同时，老小区基础设施相对陈旧，想拥有"未来感"，难度是非常大的。本项目由浙江省建筑设计研究院设计完成。

2．目标定位

"老幼常宜·阳光和睦"——未来社区创建与老旧小区改造有机结合的全国样板。立足"老旧小区改造"全国示范样板的优势基础，聚焦老幼人群，通过高品质的公共空间打造和智能化的公共服务配套进一步提升创建"未来社区"试点。

建设理念：线上有情况、线下有执行，线上有呼叫、线下有响应，数字改变生活。上位平台，与浙江省的 152 数字化改革体系进行接轨。中位平台，和睦社区数据资源池。下位平台，具体应用平台。

3．特色应用场景

（1）邻里场景。

1）邻里开放共享：建立"和睦邻里"数字化综合服务平台、自助管理模块；

2）邻里互助生活：打造数字化"服务－积分"贡献奖励机制，提倡时间银行，鼓励重积分、换服务等。

（2）教育场景：打造数字化学习平台，设置社区达人资源库，搭建社区微课平台，建设社区养老服务平台，对接周边教育资源，学习地图全景拓展。

（3）健康场景："阳光 e 家"智慧健康平台、智能医务室，引进人工智能数字化医疗技术，适老化智能终端应用，建立居民电子健康档案，提供远程诊疗、双向转诊服务。

（4）交通场景：无感便捷泊车，设置智能快递柜 2 套。

（5）低碳场景：光伏楼栋标志、太阳能长椅、智能垃圾处理系统、5G

信号灯（WiFi 全覆盖）、汽车充电桩。

（6）服务场景：建设未来社区政务服务平台、未来社区管理平台；建立"平台＋管家"物业综合服务平台，建立智能监控中心、数字身份识别管理系统、智慧平台预警救援。

（7）治理场景：建立社区统一的数据资源池（中位平台），建设线上线下结合的社区功能集成综合运营 App，建设社区智慧公共服务中心。

（8）建筑场景：配合部分建筑物的改造增加了展示大厅及智慧管理中心。

（9）创业场景：增加共享办公、共享会议室及创业综合服务平台。

4．社会 / 经济效益分析（表 8-1、表 8-2）

运营阶段现金流出一览表 　　　　　　　表 8-1

序号	资金类别	规模	单价	金额（万元／年）	说明
1	物业费补贴	33810m²	50 元／（年·m²）	169	—
2	智慧运营费用	5891 户	—	350	—
3	总计	—	—	519	—

运营阶段现金流入一览表 　　　　　　　表 8-2

序号	资金类别	种类	规模	单价	金额（万元／年）	说明
1	房屋租金	租赁型人才公寓租金	15200m²	100 元／（年·m²）	152	GS0301-20 地块，公共持有
		商业办公租金	9650m²	250 元／（年·m²）	241.6	GS0301-06 办公用房
2	车位租金	公共地下车位	400 个	3600	80.4	GS0301-06、GS0301-04、GS0301-07、GS0301-08 地块地下车位租金 注：考虑运营主体，按照总金额的 56% 计入运营收入
3	智慧运营增值收益	—	5891 户	—	50	—
4	广告等经营性收入	—	—	—	15	—
5	总计	—	—	—	539	—